1 角の二等分線と線分の比

△ABC において，
∠A の二等分線と辺 BC
との交点をDとするとき
AB：AC＝BD：DC

2 三角形の重心・内心・外心

重心
三角形の 3 本の中線
の交点

内心
三角形の 3 つの内角
の二等分線の交点

外心
三角形の 3 つの辺の
垂直二等分線の交点

傍心
三角形の 1 つの内角
と他の外角の二等分
線の交点

垂心
三角形の 3 つの頂点から，
それぞれの対辺におろし
た垂線の交点

3 円周角の定理

$\angle APB = \angle AP'B$

$\angle APB = \frac{1}{2}\angle AOB$

4 メネラウスの定理・チェバの定理

メネラウスの定理

$\frac{BP}{PC}\cdot\frac{CQ}{QA}\cdot\frac{AR}{RB}=1$

チェバの定理

$\frac{BP}{PC}\cdot\frac{CQ}{QA}\cdot\frac{AR}{RB}=1$

5 円に内接する四角形

[1] 向かい合う内角の和は 180°

[2] 1 つの内角は，それに向かい合う内角の外角に等しい。

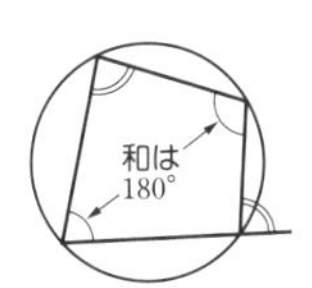

6 接線と弦のつくる角

$\angle TAB = \angle ACB$

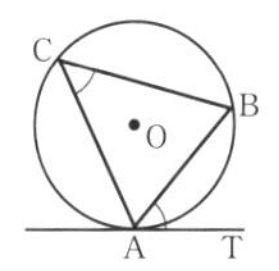

7 方べきの定理

・円の 2 つの弦 AB，CD の交点，または，それらの延長の交点をPとするとき
PA・PB＝PC・PD

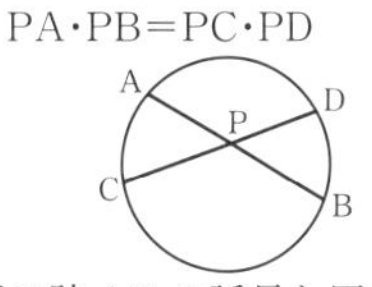

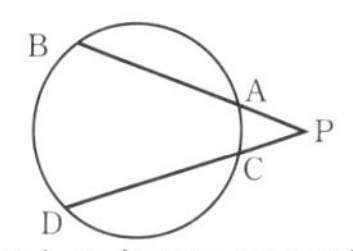

・円の弦 AB の延長と円周上の点Tにおける接線が点Pで交わるとき
$PA\cdot PB = PT^2$

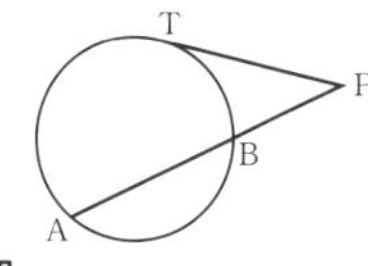

8 三垂線の定理

[1] $PO\perp\alpha$，$OA\perp l$
ならば $PA\perp l$

[2] $PO\perp\alpha$，$PA\perp l$
ならば $OA\perp l$

[3] $PA\perp l$，$OA\perp l$，$PO\perp OA$
ならば $PO\perp\alpha$

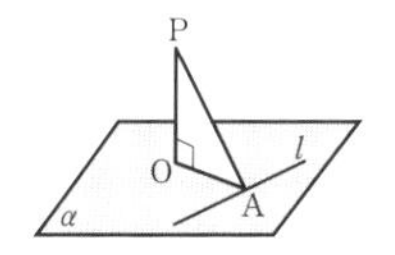

9 多面体

多面体

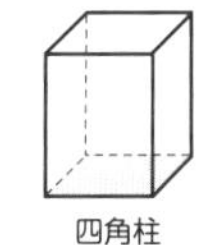
四角柱

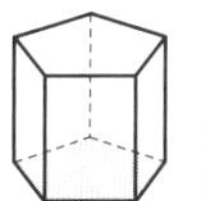
五角柱

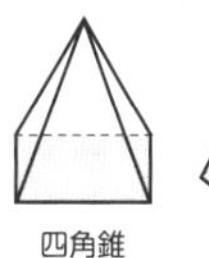
四角錐

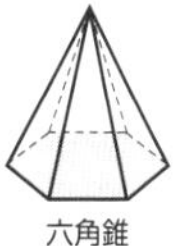
六角錐

正多面体

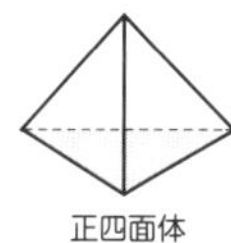
正四面体

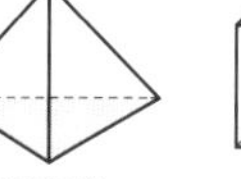
正六面体

正八面体

正十二面体

正二十面体

10 オイラーの多面体定理

凸多面体の頂点の数を v，辺の数を e，面の数を f とすると　$v-e+f=2$

ステージノート数学A

本書は，教科書「新編数学A」に完全準拠した問題集です。教科書といっしょに使うことによって，学習効果が高められるよう編修してあります。

本書の使い方

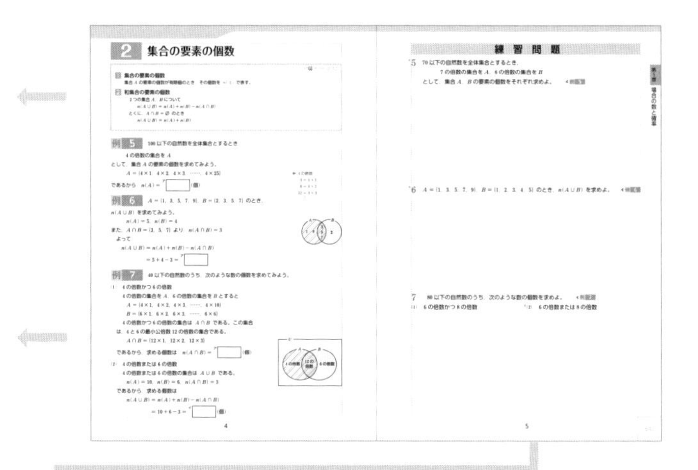

まとめと要項

項目ごとに，重要事項や要点をまとめました。

例

各項目の代表的な問題です。解き方をよく読み，空欄を自分で埋めてみましょう。また，教科書の応用例題レベルの問題には，TRYマークを付しています。レベルに応じて取り組んでください。

練習問題

教科書で扱われている例題と同レベルの問題です。解き方がわからないときは例ナビで示した例を参考にしてみましょう。＊印の問題を解くことで，一通り基本的な問題の学習が可能です。

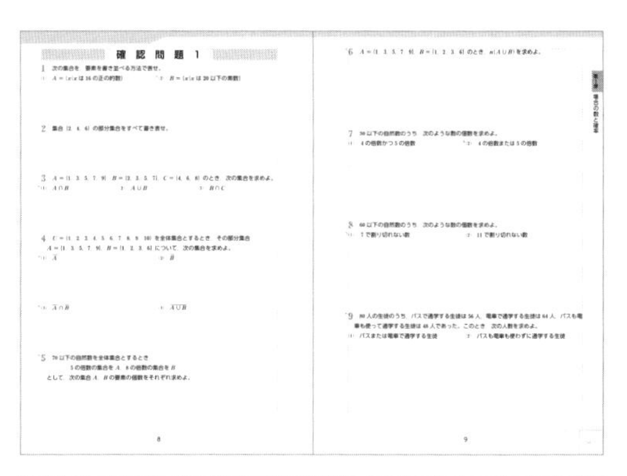

確認問題

練習問題の反復問題です。練習問題の内容を理解できたか確認しましょう。

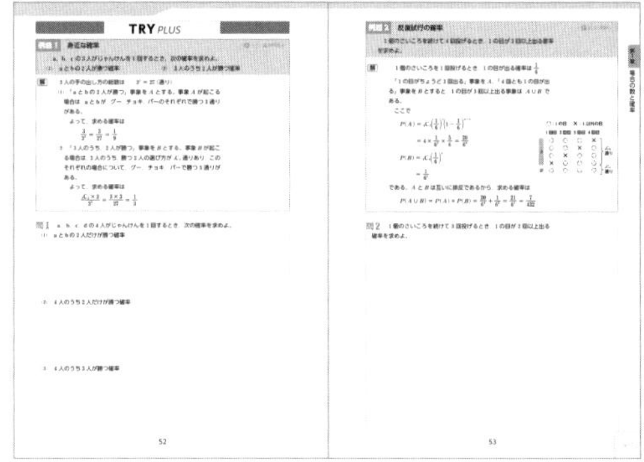

TRY PLUS

各章の最後にある難易度の高い問題です。教科書の応用例題レベルの中でも，特に応用力を必要とする問題を扱いました。例題で解法を確認してから，取り組んでみてください。

目　次

問題数

例(TRY) …… 106(9)　　確認問題 …… 65
練習問題(TRY) …… 127(11)　　TRY PLUS …… 4

1 集合 (p. 2〜3 は，数学 I p. 42〜43 と同じ内容)

⇨教 p. 4〜p. 9

1 集合

集合　ある特定の性質をもつもの全体の集まり

要素　集合を構成している個々のもの

$a \in A$　a は集合 A に属する（a が集合 A の要素である）

$b \notin A$　b は集合 A に属さない（b が集合 A の要素でない）

2 集合の表し方

① { } の中に，要素を書き並べる。　② { } の中に，要素の満たす条件を書く。

3 部分集合

$A \subset B$　A は B の 部分集合（A のすべての要素が B の要素になっている）

$A = B$　A と B は 等しい（A と B の要素がすべて一致している）

空集合 $\varnothing$　要素を 1 つももたない集合

4 共通部分と和集合/補集合/ド・モルガンの法則

共通部分 $A \cap B$　A，B のどちらにも属する要素全体からなる集合

和集合 $A \cup B$　A，B の少なくとも一方に属する要素全体からなる集合

補集合 $\overline{A}$　全体集合 U の中で，集合 A に属さない要素全体からなる集合

ド・モルガンの法則　[1] $\overline{A \cup B} = \overline{A} \cap \overline{B}$　[2] $\overline{A \cap B} = \overline{A} \cup \overline{B}$

例 1　次の集合を，要素を書き並べる方法で表してみよう。

(1) $A = \{x \mid x$ は 18 の正の約数$\}$　$A = \{$ ア $\}$

(2) $B = \{x \mid -2 \leqq x \leqq 3$，$x$ は整数$\}$　$B = \{$ イ $\}$

例 2　$A = \{1, 2, 3, 6, 12\}$，$B = \{1, 3, 12\}$ のとき，次の □ に，⊃，⊂ のうち適する記号を入れてみよう。

A ア B

例 3　$A = \{2, 4, 6, 8, 10\}$，$B = \{1, 2, 3, 4, 5\}$，$C = \{7, 9\}$ のとき，

$A \cap B = \{$ ア $\}$

$A \cup B = \{$ イ $\}$

$A \cap C =$ ウ

⇐ A，B のどちらにも属する要素全体からなる集合

⇐ A，B の少なくとも一方に属する要素全体からなる集合

例 4　$U = \{1, 2, 3, 4, 5, 6\}$ を全体集合とするとき，その部分集合 $A = \{1, 2, 3\}$，$B = \{3, 6\}$ について，次の集合を求めてみよう。

(1) $\overline{A} = \{$ ア $\}$　(2) $\overline{B} = \{$ イ $\}$

(3) $A \cup B = \{1, 2, 3, 6\}$ であるから　$\overline{A \cup B} = \{$ ウ $\}$

(4) $A \cap B = \{3\}$ であるから　$\overline{A \cap B} = \{$ エ $\}$

(5) $\overline{A} \cap B = \{$ オ $\}$　(6) $A \cup \overline{B} = \{$ カ $\}$

⇐ $\overline{A}$ は，A に属さない要素全体からなる集合

（図：U, A, B, 1, 2, 3, 6, 4, 5）

練　習　問　題

1　次の集合を，要素を書き並べる方法で表せ。　◀例 1

*(1)　$A=\{x \mid x \text{は} 12 \text{の正の約数}\}$

(2)　$B=\{x \mid -3 \leqq x \leqq 1,\ x \text{は整数}\}$

2　$A=\{1,\ 3,\ 5,\ 7,\ 9\}$，$B=\{1,\ 5,\ 9\}$ のとき，次の□に，⊃，⊂ のうち最も適する記号を入れよ。　◀例 2

A □ B

3　$A=\{1,\ 3,\ 5,\ 7\}$，$B=\{2,\ 3,\ 5,\ 7\}$，$C=\{2,\ 4\}$ のとき，次の集合を求めよ。

◀例 3

*(1)　$A \cap B$

(2)　$A \cup B$

(3)　$A \cap C$

4　$U=\{1,\ 2,\ 3,\ 4,\ 5,\ 6,\ 7,\ 8,\ 9,\ 10\}$ を全体集合とするとき，その部分集合 $A=\{1,\ 2,\ 3,\ 4,\ 5,\ 6\}$，$B=\{5,\ 6,\ 7,\ 8\}$ について，次の集合を求めよ。　◀例 4

(1)　$\overline{A}$

(2)　$\overline{B}$

(3)　$\overline{A \cap B}$

(4)　$\overline{A \cup B}$

(5)　$\overline{A} \cup B$

(6)　$A \cap \overline{B}$

2 集合の要素の個数

⇨教 p.10〜p.12

1 集合の要素の個数

集合 A の要素の個数が有限個のとき，その個数を $n(A)$ で表す。

2 和集合の要素の個数

2 つの集合 A，B について

$$n(A\cup B)=n(A)+n(B)-n(A\cap B)$$

とくに，$A\cap B=\varnothing$ のとき

$$n(A\cup B)=n(A)+n(B)$$

例 5 100 以下の自然数を全体集合とするとき，

4 の倍数の集合を A

として，集合 A の要素の個数を求めてみよう。

$A=\{4\times1,\ 4\times2,\ 4\times3,\ \cdots\cdots,\ 4\times25\}$

であるから　$n(A)=$ ア［　　］(個)

← 4 の倍数
$4=4\times1$
$8=4\times2$
$12=4\times3$
⋮

例 6 $A=\{1,\ 3,\ 5,\ 7,\ 9\}$，$B=\{2,\ 3,\ 5,\ 7\}$ のとき，

$n(A\cup B)$ を求めてみよう。

$n(A)=5$，$n(B)=4$

また，$A\cap B=\{3,\ 5,\ 7\}$ より　$n(A\cap B)=3$

よって

$n(A\cup B)=n(A)+n(B)-n(A\cap B)$

$=5+4-3=$ ア［　　］

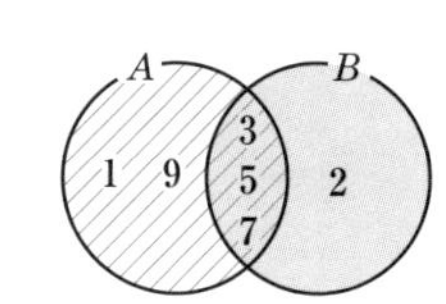

例 7 40 以下の自然数のうち，次のような数の個数を求めてみよう。

(1) 4 の倍数かつ 6 の倍数

4 の倍数の集合を A，6 の倍数の集合を B とすると

$A=\{4\times1,\ 4\times2,\ 4\times3,\ \cdots\cdots,\ 4\times10\}$

$B=\{6\times1,\ 6\times2,\ 6\times3,\ \cdots\cdots,\ 6\times6\}$

4 の倍数かつ 6 の倍数の集合は $A\cap B$ である。この集合は，4 と 6 の最小公倍数 12 の倍数の集合である。

$A\cap B=\{12\times1,\ 12\times2,\ 12\times3\}$

であるから，求める個数は　$n(A\cap B)=$ ア［　　］(個)

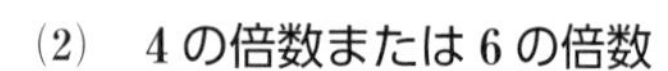

(2) 4 の倍数または 6 の倍数

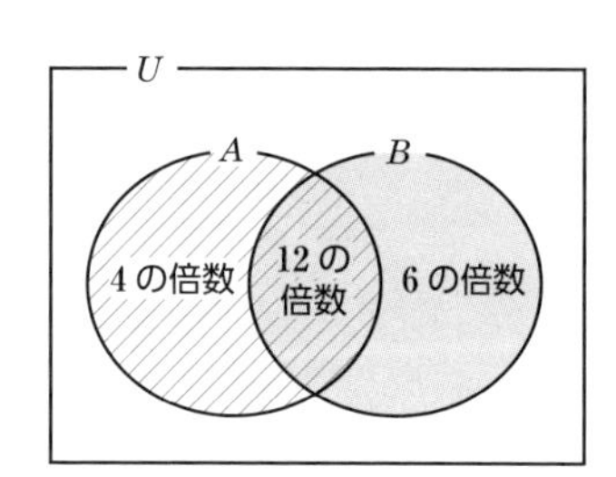

4 の倍数または 6 の倍数の集合は $A\cup B$ である。

$n(A)=10$，$n(B)=6$，$n(A\cap B)=3$

であるから，求める個数は

$n(A\cup B)=n(A)+n(B)-n(A\cap B)$

$=10+6-3=$ イ［　　］(個)

練習問題

*5 70 以下の自然数を全体集合とするとき,

6 の倍数の集合を A, 7 の倍数の集合を B

として, 集合 A, B の要素の個数をそれぞれ求めよ。 ◀例 5

*6 $A=\{1, 3, 5, 7, 9\}$, $B=\{1, 2, 3, 4, 5\}$ のとき, $n(A \cup B)$ を求めよ。 ◀例 6

7 80 以下の自然数のうち, 次のような数の個数を求めよ。 ◀例 7

(1) 6 の倍数かつ 8 の倍数

*(2) 6 の倍数または 8 の倍数

3 補集合の要素の個数

⇨教 p.13〜p.14

1 補集合の要素の個数

全体集合を U，その部分集合を A とすると

$n(\overline{A}) = n(U) - n(A)$

例 8 40 以下の自然数のうち，3 で割り切れない数の個数を求めてみよう。

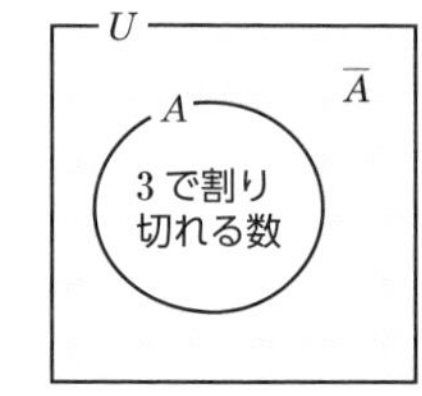

40 以下の自然数を全体集合 U とすると

$n(U) = 40$

U の部分集合で，3 で割り切れる数の集合を A とすると

$A = \{3\times 1,\ 3\times 2,\ 3\times 3,\ \cdots\cdots,\ 3\times 13\}$

より　$n(A) = 13$

3 で割り切れない数の集合は $\overline{A}$ であるから，求める個数は

$n(\overline{A}) = n(U) - n(A)$

$= 40 - 13 =$ ア［　　］(個)

TRY

例 9 あるクラスの生徒 30 人のうち，映画 a をみた生徒は 21 人，映画 b をみた生徒は 18 人，a も b もみた生徒は 13 人であった。

U(30人)
A(21人)
B(18人)
(13人)

クラス全員の集合を全体集合 U とし，その部分集合で，

映画 a をみた生徒の集合を A

映画 b をみた生徒の集合を B

とすると　$n(U) = 30$，$n(A) = 21$，$n(B) = 18$，$n(A\cap B) = 13$

このとき，次の人数を求めてみよう。

(1)　a または b をみた生徒

この集合は $A\cup B$ と表されるから，求める生徒の人数は

$n(A\cup B) = n(A) + n(B) - n(A\cap B)$

$= 21 + 18 - 13 =$ ア［　　］(人)

(2)　a も b もみなかった生徒

この集合は $\overline{A}\cap\overline{B}$ である。

ド・モルガンの法則より，$\overline{A}\cap\overline{B} = \overline{A\cup B}$　であるから，求める生徒の人数は

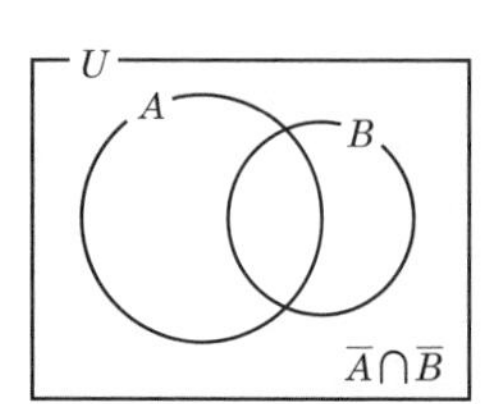

$n(\overline{A}\cap\overline{B}) = n(\overline{A\cup B})$

$= n(U) - n(A\cup B)$

$= 30 - 26 =$ イ［　　］(人)

練習問題

8　80 以下の自然数のうち，次のような数の個数を求めよ。　◀例 8

*(1)　8 で割り切れない数

(2)　13 で割り切れない数

TRY
***9**　100 人の生徒のうち，本 a を読んだ生徒は 72 人，本 b を読んだ生徒は 60 人，a も b も読んだ生徒は 45 人であった。このとき，次の人数を求めよ。　◀例 9

(1)　a または b を読んだ生徒

(2)　a も b も読んでいない生徒

確　認　問　題　1

1　次の集合を，要素を書き並べる方法で表せ。

(1)　$A=\{x|x$ は 16 の正の約数$\}$　　*(2)　$B=\{x|x$ は 20 以下の素数$\}$

2　集合 $\{2,\ 4,\ 6\}$ の部分集合をすべて書き表せ。

3　$A=\{1,\ 3,\ 5,\ 7,\ 9\}$，$B=\{2,\ 3,\ 5,\ 7\}$，$C=\{4,\ 6,\ 8\}$ のとき，次の集合を求めよ。

*(1)　$A\cap B$　　(2)　$A\cup B$　　(3)　$B\cap C$

4　$U=\{1,\ 2,\ 3,\ 4,\ 5,\ 6,\ 7,\ 8,\ 9,\ 10\}$ を全体集合とするとき，その部分集合 $A=\{1,\ 3,\ 5,\ 7,\ 9\}$，$B=\{1,\ 2,\ 3,\ 6\}$ について，次の集合を求めよ。

*(1)　$\overline{A}$　　(2)　$\overline{B}$

*(3)　$\overline{A}\cap\overline{B}$　　(4)　$\overline{A\cup B}$

***5**　70 以下の自然数を全体集合とするとき，

5 の倍数の集合を A，8 の倍数の集合を B

として，集合 A，B の要素の個数をそれぞれ求めよ。

*6　$A = \{1, 3, 5, 7, 9\}$，$B = \{1, 2, 3, 6\}$ のとき，$n(A \cup B)$ を求めよ。

7　50 以下の自然数のうち，次のような数の個数を求めよ。

(1)　4 の倍数かつ 5 の倍数　　*(2)　4 の倍数または 5 の倍数

8　60 以下の自然数のうち，次のような数の個数を求めよ。

*(1)　7 で割り切れない数　　(2)　11 で割り切れない数

*9　80 人の生徒のうち，バスで通学する生徒は 56 人，電車で通学する生徒は 64 人，バスも電車も使って通学する生徒は 48 人であった。このとき，次の人数を求めよ。

(1)　バスまたは電車で通学する生徒　　(2)　バスも電車も使わずに通学する生徒

4 樹形図・和の法則

⇨教 p.16〜p.18

1 場合の数

起こり得るすべての場合の総数を，そのことがらが起こる **場合の数** という。場合の数を，もれなく，重複しないように数えあげるには，右の図のような **樹形図** や表をかくなどして調べるとよい。

例 100円，50円，10円を用いて200円を支払う方法

100円(枚) 50円(枚) 10円(枚)

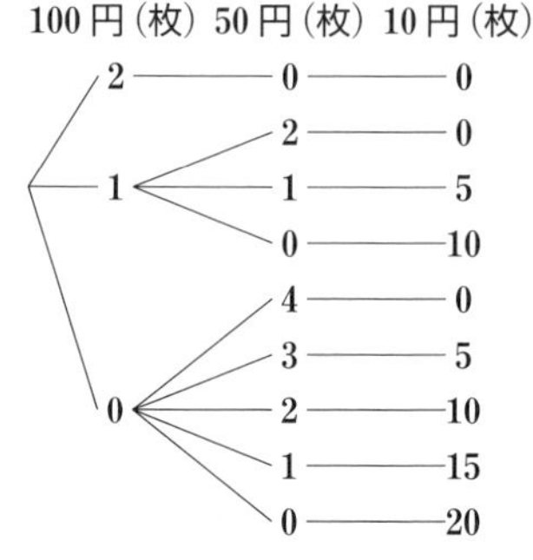

2 和の法則

2つのことがら A，B について，A の起こる場合が m 通り，B の起こる場合が n 通りあり，それらが同時には起こらないとき，A または B の起こる場合の数は

$m+n$（通り）

例 10

100円，50円，10円の3種類の硬貨がたくさんある。これらの硬貨を使って，260円を支払う方法を数えあげてみよう。

使わない硬貨があってもよいものとして数えあげると，右の樹形図から全部で ア［　　］ 通りの方法がある。

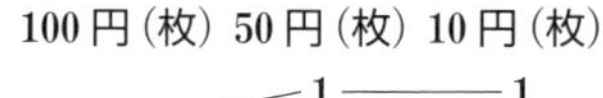

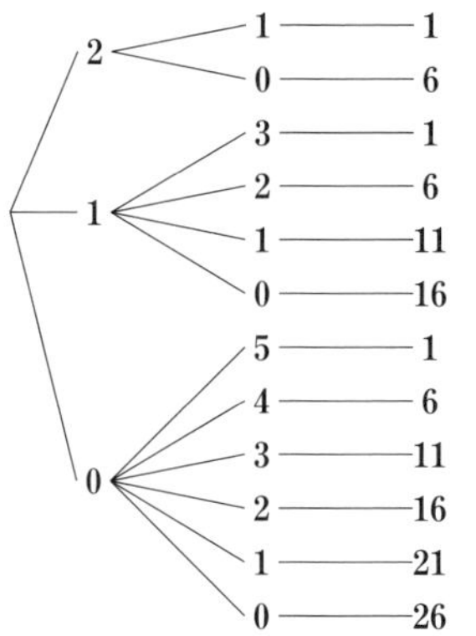

例 11

1個のさいころを2回投げるとき，目の和が4の倍数になる場合の数を求めてみよう。

1回目に出る目が x，2回目に出る目が y である場合を $(x,\ y)$ と表すことにすると，

(i) 目の和が4になる場合

$(1,\ 3)$，$(2,\ 2)$，$(3,\ 1)$

の3通り

(ii) 目の和が8になる場合

$(2,\ 6)$，$(3,\ 5)$，$(4,\ 4)$，$(5,\ 3)$，$(6,\ 2)$

の5通り

(iii) 目の和が12になる場合

$(6,\ 6)$

の1通り

(i)，(ii)，(iii)は同時には起こらないから，求める場合の数は

$3+5+1=$ ア［　　］（通り）

x＼y	⚀	⚁	⚂	⚃	⚄	⚅
⚀	2	3	4	5	6	7
⚁	3	4	5	6	7	8
⚂	4	5	6	7	8	9
⚃	5	6	7	8	9	10
⚄	6	7	8	9	10	11
⚅	7	8	9	10	11	12

← 和の法則

練習問題

*10　500 円，100 円，50 円の 3 種類の硬貨がたくさんある。これらの硬貨を使って 1000 円を支払うには，何通りの方法があるか。ただし，使わない硬貨があってもよいものとする。

◀例 10

11　1 個のさいころを 2 回投げるとき，次の場合の数を求めよ。　◀例 11

*(1)　目の和が 3 の倍数になる

(2)　目の和が 7 以下になる

5 積の法則

⇨教 p.19〜p.21

1 積の法則

2つのことがら A，B について，A の起こる場合が m 通りあり，そのそれぞれについて B の起こる場合が n 通りずつあるとき，A，B がともに起こる場合の数は

$m \times n$（通り）

例 12 ケーキが3種類，ドリンクが4種類のメニューがある。この中からそれぞれ1種類ずつ選ぶとき，ケーキとドリンクのセットのつくり方は何通りあるか求めてみよう。

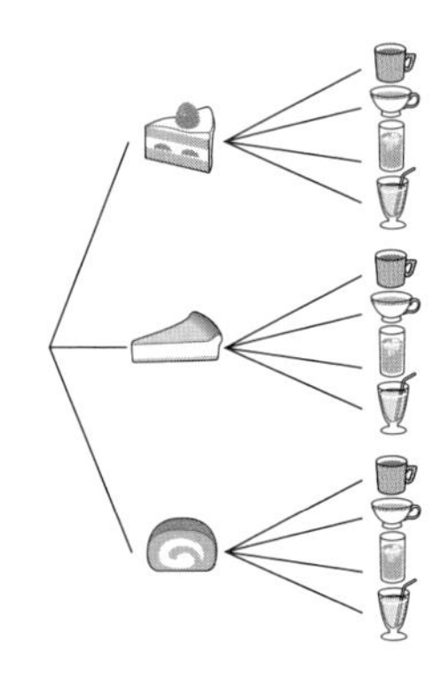

ケーキの選び方は3通りあり，そのそれぞれについて，ドリンクの選び方は4通りずつある。

よって，求める場合の数は，積の法則より

$3 \times 4 =$ ア［　　］（通り）

例 13 大中小3個のさいころを同時に投げるとき，次の場合の数を求めてみよう。

(1) すべての目の出方

それぞれのさいころの目の出方は，1から6までの6通りずつある。

よって，求める場合の数は，積の法則より

$6 \times 6 \times 6 =$ ア［　　］（通り）

(2) どのさいころの目も3の倍数となる目の出方

それぞれのさいころの3の倍数の目の出方は3，6の2通りずつある。

よって，求める場合の数は，積の法則より

$2 \times 2 \times 2 =$ イ［　　］（通り）

TRY 例 14 200の正の約数の個数を求めてみよう。

200を素因数分解すると

$200 = 2^3 \times 5^2$

ゆえに，200の正の約数は，2^3 の正の約数の1つと 5^2 の正の約数の1つの積で表される。

2^3 の正の約数は　1，2，2^2，2^3　の4個あり，

5^2 の正の約数は　1，5，5^2　の3個ある。

よって，200の正の約数の個数は，積の法則より

$4 \times 3 =$ ア［　　］（個）

	1	5	5^2
1	1	5	25
2	2	10	50
2^2	4	20	100
2^3	8	40	200

練習問題

*12 パンが 4 種類，ドリンクが 6 種類ある。この中からそれぞれ 1 種類ずつ選ぶとき，選び方は何通りあるか。 ◀例 12

*13 A高校からB高校への行き方は 5 通り，B 高校からC高校への行き方は 3 通りある。A高校からB高校に寄って，C 高校へ行く行き方は何通りあるか。 ◀例 12

14 大中小 3 個のさいころを同時に投げるとき，次の場合の数を求めよ。 ◀例 13

(1) 大，中のさいころの目がそれぞれ奇数で，小のさいころの目が 2 以上となる出方

(2) どのさいころの目も 5 以上となる目の出方

TRY
15 次の数について，正の約数の個数を求めよ。 ◀例 14

(1) 27　　*(2) 96

6 順列 (1)

⇨教 p.22~p.24

1 順列

異なる n 個のものから異なる r 個を取り出して並べたものを，n 個のものから r 個取る順列 という。

その総数は　$_n\mathrm{P}_r = \underbrace{n(n-1)(n-2)\cdots\cdots(n-r+1)}_{r\text{個}} = \dfrac{n!}{(n-r)!}$

2 n の階乗

1 から n までの自然数の積を n の 階乗 といい，$n!$ で表す。

$n! = n(n-1)(n-2)\cdots\cdots3\cdot2\cdot1$　　なお $0! = 1$ と定める。

例 15

(1)　$_8\mathrm{P}_2 = \underbrace{8\cdot7}_{2\text{個}} =$ ア□

(2)　$_7\mathrm{P}_4 = \underbrace{7\cdot6\cdot5\cdot4}_{4\text{個}} =$ イ□

例 16

6 人の中から 3 人を選んで 1 列に並べるとき，並べ方の総数は

$_6\mathrm{P}_3 = 6\cdot5\cdot4 =$ ア□ (通り)

例 17

11 人の生徒の中から委員長，副委員長，書記を 1 人ずつ選ぶとき，その選び方は何通りあるか求めてみよう。

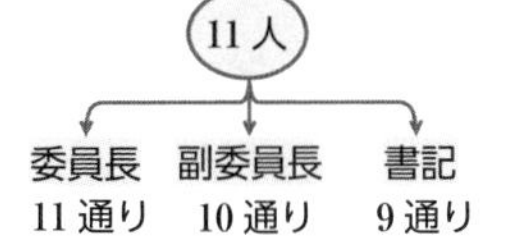

11 人の中から 3 人を選んで 1 列に並べ，1 番目，2 番目，3 番目をそれぞれ委員長，副委員長，書記とすればよい。

よって，選び方の総数は

$_{11}\mathrm{P}_3 = 11\cdot10\cdot9 =$ ア□ (通り)

例 18

6 人の生徒全員を 1 列に並べるとき，並べ方の総数は

$_6\mathrm{P}_6 = 6! = 6\cdot5\cdot4\cdot3\cdot2\cdot1 =$ ア□ (通り)

練習問題

16 次の値を求めよ。 ◀例 15

*(1) ${}_4\mathrm{P}_2$

(2) ${}_5\mathrm{P}_5$

(3) ${}_6\mathrm{P}_5$

*(4) ${}_7\mathrm{P}_1$

***17** 5人の中から3人を選んで1列に並べるとき，その並べ方は何通りあるか。 ◀例 16

18 次の選び方は何通りあるか。 ◀例 17

*(1) 12人の部員の中から部長，副部長を1人ずつ選ぶ選び方

(2) 9人の選手の中から，リレーの第1走者，第2走者，第3走者を選ぶ選び方

***19** 1，2，3，4，5の5つの数字すべてを用いてできる5桁(けた)の整数は何通りあるか。 ◀例 18

7 順列 (2)

⇨教 p.25〜p.27

1 順列の利用

順列の考え方を利用して場合の数を求めるときは，まずどのような条件があるかを考える。

例 ・3 桁の整数において，百の位は 0 にならない　・一の位の数が，0，2，4，6，8 のいずれかである数は偶数

例 19 (1)　1 から 8 までの数字が 1 つずつ書かれた 8 枚のカードがある。このカードのうち 3 枚のカードを 1 列に並べてできる 3 桁の奇数の個数を求めてみよう。

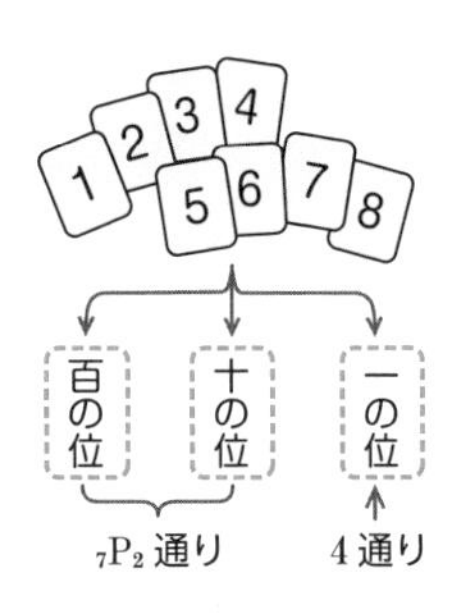

一の位のカードの並べ方は，[1]，[3]，[5]，[7] の 4 通りある。

このそれぞれの場合について，百の位，十の位に残りの 7 枚のカードから 2 枚を選んで並べる並べ方は $_7P_2=7\cdot6=42$ (通り) ずつある。

よって，3 桁の奇数の個数は，積の法則より

$$4\times{}_7P_2=4\times42=\text{ア}\boxed{}\ (\text{通り})$$

TRY

(2)　0 から 7 までの数字が 1 つずつ書かれた 8 枚のカードがある。このカードのうち 3 枚のカードを 1 列に並べてできる 3 桁の整数の個数を求めてみよう。

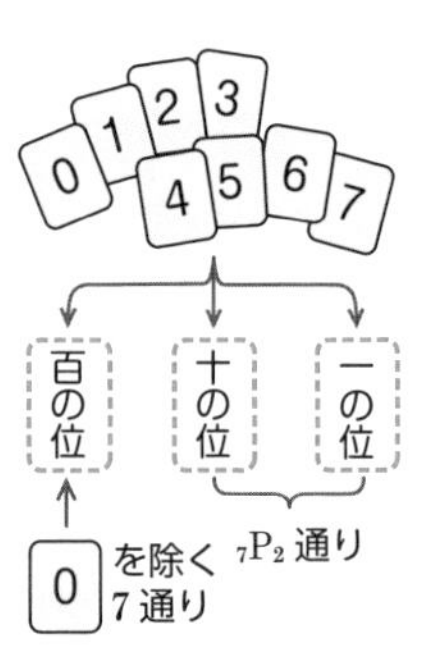

百の位のカードの並べ方は，[0] 以外のカードの 7 通りある。このそれぞれの場合について，十の位，一の位に，[0] を含む残りの 7 枚のカードから 2 枚を選んで並べる並べ方は $_7P_2=7\cdot6=42$ (通り) ずつある。

よって，3 桁の整数の個数は，積の法則より

$$7\times{}_7P_2=7\times42=\text{イ}\boxed{}\ (\text{通り})$$

TRY

例 20　男子 3 人と女子 3 人が 1 列に並ぶとき，次のような並び方の総数を求めてみよう。

(1)　女子が両端にくる並び方

女子 3 人のうち両端にくる女子 2 人の並び方は

$_3P_2=3\cdot2=6$ (通り)

このそれぞれの場合について，残りの 4 人が 1 列に並ぶ並び方は

$_4P_4=4!=4\cdot3\cdot2\cdot1=24$ (通り)

よって，並び方の総数は，積の法則より

$$_3P_2\times4!=6\times24=\text{ア}\boxed{}\ (\text{通り})$$

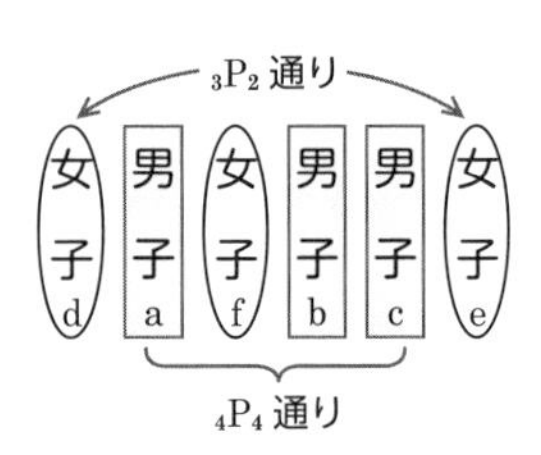

(2)　女子 3 人が続いて並ぶ並び方

女子 3 人をひとまとめにして 1 人と考えると，4 人が 1 列に並ぶ並び方は　$_4P_4=4!=4\cdot3\cdot2\cdot1=24$ (通り)

このそれぞれの場合について，女子 3 人の並び方は

$_3P_3=3!=3\cdot2\cdot1=6$ (通り)

よって，並び方の総数は，積の法則より

$$4!\times3!=24\times6=\text{イ}\boxed{}\ (\text{通り})$$

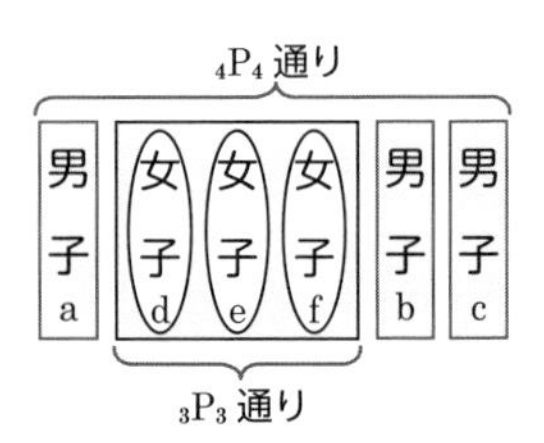

練　習　問　題

*20　1から6までの数字が1つずつ書かれた6枚のカードがある。このカードのうち3枚のカードを1列に並べて3桁の整数をつくるとき，偶数は何通りできるか。　◀例 19 (1)

TRY
21　0から6までの数字が1つずつ書かれた7枚のカードがある。このカードのうち3枚のカードを1列に並べて3桁の整数をつくるとき，何通りの整数ができるか。　◀例 19 (2)

TRY
*22　男子2人と女子4人が1列に並ぶとき，次のような並び方は何通りあるか。　◀例 20

(1)　女子が両端にくる並び方

(2)　女子4人が続いて並ぶ並び方

8 円順列・重複順列

⇨教 p.28〜p.29

1 円順列
いくつかのものを円形に並べる順列を 円順列 という。
異なる n 個のものの円順列の総数は $(n-1)!$

2 重複順列
同じものをくり返し使うことを許した場合の順列を 重複順列 という。
n 個のものから r 個取る重複順列の総数は n^r

例 21 5人が円形のテーブルのまわりに座るとき，座り方の総数を求めてみよう。

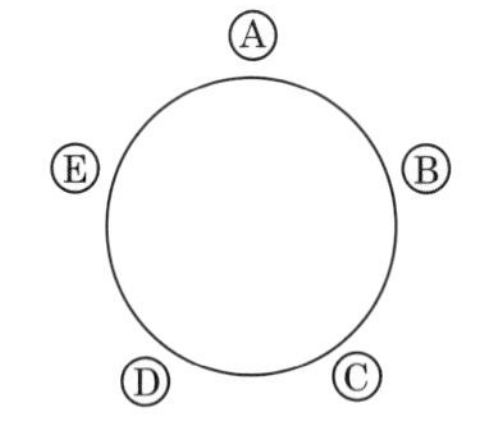

座り方は，異なる5個のものの円順列である。よって，座り方の総数は

$(5-1)!=4!=$ ア□ (通り)

例 22 4つの空欄に，○か×を1つずつ記入するとき，記入の仕方の総数を求めてみよう。

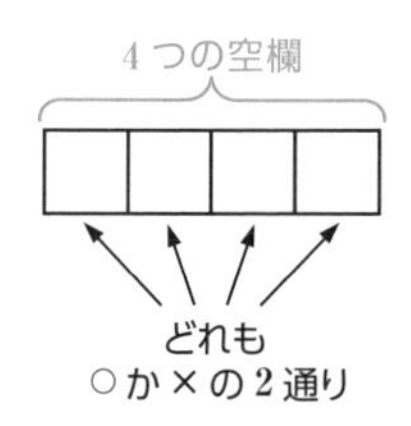

○，×の2個のものから4個取る重複順列であるから，
記入の仕方の総数は

$2^4=$ ア□ (通り)

練 習 問 題

23 次の問いに答えよ。 ◀例21

*(1) 7人が円形のテーブルのまわりに座るとき，座り方は何通りあるか。

(2) 右の図のように，円盤を4等分した各部分を，赤，黄，緑，青の4色すべてを使って塗り分けるとき，塗り方は何通りあるか。

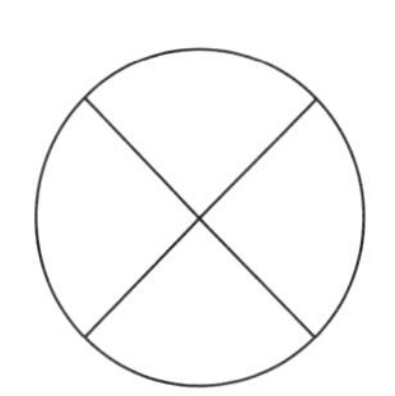

24 次の問いに答えよ。 ◀例 22

*(1) 6つの空欄に，○か×を1つずつ記入するとき，記入の仕方は何通りあるか。

(2) 2人でじゃんけんをするとき，2人のグー，チョキ，パーの出し方は何通りあるか。

*(3) 1，2，3の3つの数字を用いてできる5桁の整数は何通りあるか。ただし，同じ数字を何回用いてもよい。

確認問題 2

*1　500 円，100 円，50 円の 3 種類の硬貨がたくさんある。これらの硬貨を使って 1200 円を支払うには，何通りの方法があるか。ただし，使わない硬貨があってもよいものとする。

2　1 個のさいころを 2 回投げるとき，次の場合の数を求めよ。

*(1)　目の和が 4 の倍数になる

(2)　目の和が 5 以下になる

*3　ある車は車体の色を赤，白，青，黒，緑の 5 種類，車内の装飾を A，B，C の 3 種類から選ぶことができる。車体の色と車内の装飾の組み合わせ方は何通りあるか。

4　次の数について，正の約数の個数を求めよ。

*(1)　32

(2)　54

5　次の値を求めよ。

(1)　${}_6P_2$

*(2)　${}_5P_1$

*(3)　${}_5P_4$

*6　a, b, c, d, e, f, g のアルファベットが1つずつ書かれた7枚のカードがある。このカードのうち4枚のカードを1列に並べるとき，その並べ方は何通りあるか。

*7　1から7までの数字が1つずつ書かれた7枚のカードがある。このカードのうち4枚のカードを1列に並べて4桁の整数をつくるとき，偶数は何通りできるか。

*8　男子3人と女子4人が1列に並ぶとき，次のような並び方は何通りあるか。

(1)　女子が両端にくる並び方

(2)　女子4人が続いて並ぶ並び方

*9　次の問いに答えよ。

(1)　8人が円形のテーブルのまわりに座るとき，座り方は何通りあるか。

(2)　1，2，3，4の4つの数字を用いてできる4桁の整数は何通りあるか。ただし，同じ数字を何回用いてもよい。

9 組合せ (1)

⇨教 p.30～p.32

1 組合せ

異なる n 個のものから異なる r 個を取り出してできる組合せを，n 個のものから r 個取る組合せ という。その総数は

$$ {}_n\mathrm{C}_r = \frac{{}_n\mathrm{P}_r}{r!} = \frac{\overbrace{n(n-1)(n-2)\cdots\cdots(n-r+1)}^{r\text{個}}}{r(r-1)(r-2)\cdots\cdots3\cdot2\cdot1} = \frac{n!}{r!(n-r)!} $$

また，${}_n\mathrm{C}_r = {}_n\mathrm{C}_{n-r}$,　　${}_n\mathrm{C}_n = {}_n\mathrm{C}_0 = 1$

例 23

(1) ${}_8\mathrm{C}_2 = \dfrac{\overbrace{8\cdot7}^{2\text{個}}}{2\cdot1} =$ ア［　　］

(2) ${}_6\mathrm{C}_4 = \dfrac{\overbrace{6\cdot5\cdot4\cdot3}^{4\text{個}}}{4\cdot3\cdot2\cdot1} =$ イ［　　］

例 24

異なる 7 本のジュースから 2 本を選ぶとき，その選び方は

${}_7\mathrm{C}_2 = \dfrac{7\cdot6}{2\cdot1} =$ ア［　　］(通り)

例 25

${}_8\mathrm{C}_7 = {}_8\mathrm{C}_{8-7} = {}_8\mathrm{C}_1 = \dfrac{8}{1} =$ ア［　　］

← ${}_n\mathrm{C}_r = {}_n\mathrm{C}_{n-r}$

例 26

正七角形 ABCDEFG の 7 個の頂点のうち，3 個の頂点を結んでできる三角形の個数を求めてみよう。

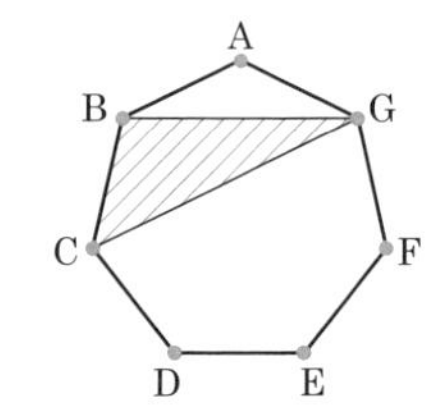

7 個の頂点のうち，どの 3 個を選んでも一直線上にはないので，3 個の頂点を選んで結ぶと必ず 1 個の三角形ができる。したがって，三角形の個数は，7 個の頂点から 3 個取る組合せの総数に等しい。

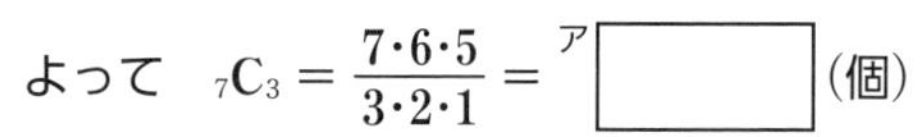

よって　${}_7\mathrm{C}_3 = \dfrac{7\cdot6\cdot5}{3\cdot2\cdot1} =$ ア［　　］(個)

練習問題

25 次の値を求めよ。　◀例 23

*(1) ${}_5\mathrm{C}_2$

(2) ${}_6\mathrm{C}_3$

*(3) ${}_{11}\mathrm{C}_1$

(4) ${}_7\mathrm{C}_7$

26 次の選び方は何通りあるか。 ◀例 24

*(1) 異なる 10 冊の本から 5 冊を選ぶ選び方

(2) 12 色のクレヨンから 4 色を選ぶ選び方

27 次の値を求めよ。 ◀例 25

*(1) ${}_{8}\mathrm{C}_{6}$

(2) ${}_{10}\mathrm{C}_{9}$

*(3) ${}_{12}\mathrm{C}_{9}$

(4) ${}_{14}\mathrm{C}_{12}$

***28** 正五角形 ABCDE の 5 個の頂点のうち，3 個の頂点を結んでできる三角形の個数を求めよ。 ◀例 26

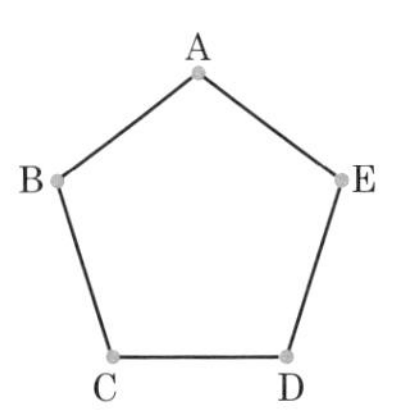

10 組合せ (2)

⇨教 p.32〜p.33

1 区別のある組分けと区別のない組分け

① **区別のある組分け**

組に名前や番号などがあるとき，または，組の人数が異なるときには，組に区別がつく。

② **区別のない組分け**

①において，人数が同じ組が n 組あるとき，組の名前や番号などをなくすと，$n!$ 通りだけ同じ組分けができる。

例 27

男子 4 人，女子 3 人の中から 4 人の役員を選ぶとき，男子から 3 人，女子から 1 人を選ぶ選び方は何通りあるか求めてみよう。

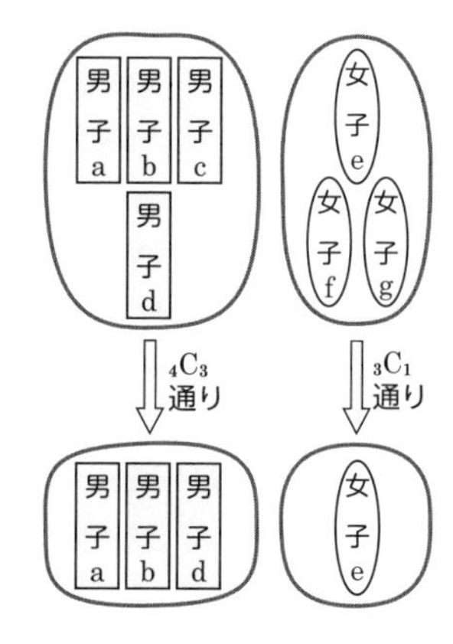

男子 4 人から 3 人を選ぶ選び方は ${}_4C_3$ 通りあり，このそれぞれの場合について，女子 3 人から 1 人を選ぶ選び方は ${}_3C_1$ 通りずつある。

よって，選び方の総数は，積の法則より

$${}_4C_3 \times {}_3C_1 = \frac{4\cdot3\cdot2}{3\cdot2\cdot1} \times 3$$

$$= {}^{ア}\square \text{（通り）}$$

TRY

例 28

6 人を次のように分けるとき，分け方の総数を求めてみよう。

(1) 3 人ずつ A，B の 2 つの部屋に分ける。

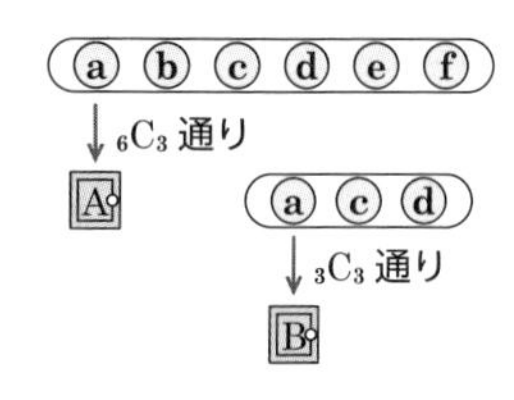

6 人から A に入る 3 人を選ぶ選び方は ${}_6C_3$ 通り

このそれぞれの場合について，残りの 3 人は B に入る。

よって，求める分け方の総数は，積の法則より

$${}_6C_3 \times {}_3C_3 = \frac{6\cdot5\cdot4}{3\cdot2\cdot1} \times 1$$

$$= {}^{ア}\square \text{（通り）}$$

(2) 3 人ずつ 2 組に分ける。

(1)で，A，B の部屋の区別をなくすと同じ組分けになるものは，それぞれ $2!$ 通りずつある。

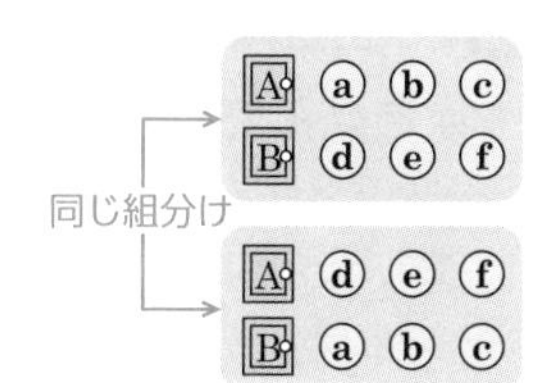

よって，求める分け方の総数は

$$\frac{{}_6C_3 \times {}_3C_3}{2!} = {}^{イ}\square \text{（通り）}$$

練　習　問　題

*29　次の選び方は何通りあるか。　◀例 27

(1)　男子7人，女子5人の中から5人の役員を選ぶとき，男子から2人，女子から3人を選ぶ選び方

(2)　1から9までの番号が1つずつ書かれた9枚のカードがある。この中からカードを4枚選ぶとき，奇数の番号のカードが2枚，偶数の番号のカードが2枚となる選び方

TRY
*30　8人を次のように分けるとき，分け方は何通りあるか。　◀例 28

(1)　4人ずつA，Bの2つの部屋に分ける。

(2)　4人ずつ2組に分ける。

11 同じものを含む順列

⇨教 p.34〜p.35

1 同じものを含む順列

n 個のものの中に，同じものがそれぞれ p 個，q 個，r 個あるとき，これら n 個のものすべてを1列に並べる順列の総数は

$$\frac{n!}{p!q!r!}$$ ただし，$p+q+r=n$

例 29 1，1，2，2，2，3，3，3，3 の9個の数字すべてを1列に並べてできる9桁の整数の総数は

$$\frac{9!}{2!3!4!}=\frac{9\cdot8\cdot7\cdot6\cdot5\cdot4\cdot3\cdot2\cdot1}{2\cdot1\times3\cdot2\cdot1\times4\cdot3\cdot2\cdot1}={}^{ア}\boxed{}\text{(通り)}$$

⬅ $n!=n(n-1)\cdots\cdots3\cdot2\cdot1$

TRY
例 30 右の図のような道路のある町で，次の各場合に最短経路で行く道順の総数を求めてみよう。

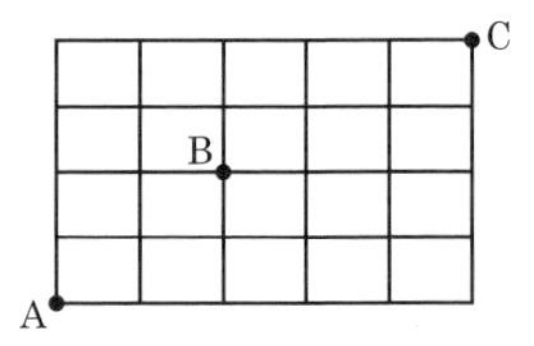

(1) A から C まで行く道順

右へ1区画進むことを a，上へ1区画進むことを b と表すと，A から C までの最短経路の道順の総数は，5個の a と4個の b を1列に並べる順列の総数に等しい。

よって $$\frac{9!}{5!4!}=\frac{9\cdot8\cdot7\cdot6\cdot5\cdot4\cdot3\cdot2\cdot1}{5\cdot4\cdot3\cdot2\cdot1\times4\cdot3\cdot2\cdot1}={}^{ア}\boxed{}\text{(通り)}$$

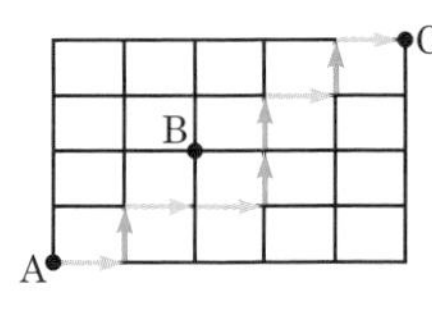

上の道順は
a b a a b b a b a

(2) A から B を通って C まで行く道順

A から B までの最短経路の道順の総数は，2個の a と2個の b を1列に並べる順列の総数に等しいから

$$\frac{4!}{2!2!}={}^{イ}\boxed{}\text{(通り)}$$

B から C までの最短経路の道順の総数は，3個の a と2個の b を1列に並べる順列の総数に等しいから

$$\frac{5!}{3!2!}={}^{ウ}\boxed{}\text{(通り)}$$

よって，求める道順の総数は，積の法則より

$$\frac{4!}{2!2!}\times\frac{5!}{3!2!}={}^{エ}\boxed{}\text{(通り)}$$

練習問題

*31　1と書かれたカードが 3 枚，2と書かれたカードが 2 枚，3と書かれたカードが 2 枚ある。この 7 枚のカードすべてを 1 列に並べる並べ方は何通りあるか。　◀例 29

*32　a，a，a，a，b，b，c，c の 8 文字すべてを 1 列に並べる並べ方は何通りあるか。
◀例 29

TRY
*33　右の図のような道路のある町で，次の各場合に最短経路で行く道順は，それぞれ何通りあるか。　◀例 30

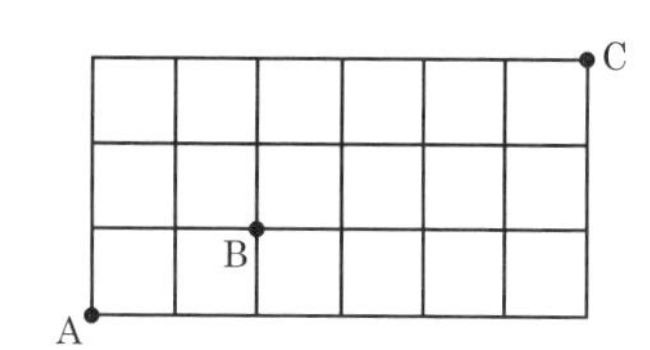

(1)　A から C まで行く道順

(2)　A から B を通って C まで行く道順

確 認 問 題 3

1 次の値を求めよ。

*(1) ${}_4C_2$　(2) ${}_{10}C_3$　*(3) ${}_6C_1$

(4) ${}_5C_5$　*(5) ${}_{11}C_{10}$　(6) ${}_9C_7$

2 次の選び方は何通りあるか。

*(1) 異なる 8 冊の本から 3 冊を選ぶ選び方

(2) 12 色のクレヨンから 5 色を選ぶ選び方

***3** 正九角形 ABCDEFGHI の 9 個の頂点のうち，3 個の頂点を結んでできる三角形の個数を求めよ。

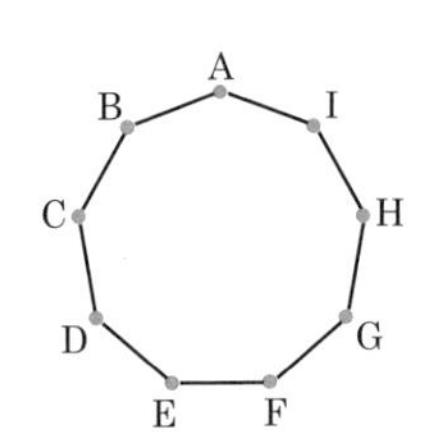

***4** 男子 6 人，女子 3 人の中から 3 人の役員を選ぶとき，男子から 2 人，女子から 1 人を選ぶ選び方は何通りあるか。

*5　10 人を次のように分けるとき，分け方は何通りあるか。

(1)　5 人ずつ A，B の 2 つの部屋に分ける。

(2)　5 人ずつ 2 組に分ける。

*6　a，a，b，b，b，c，c の 7 文字すべてを 1 列に並べる並べ方は何通りあるか。

*7　右の図のような道路のある町で，次の各場合に最短経路で行く道順は，それぞれ何通りあるか。

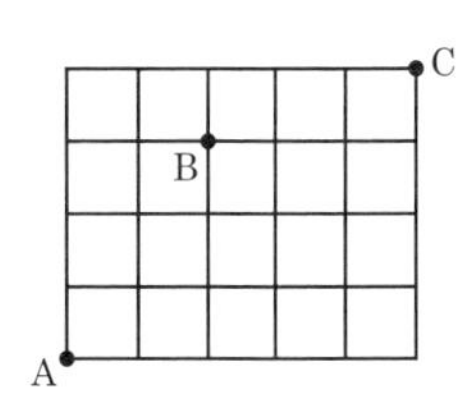

(1)　A から C まで行く道順

(2)　A から B を通って C まで行く道順

12 試行と事象・事象の確率

⇨教 p.38〜p.41

1 試行と事象

試行　何回も行うことができ，その結果が偶然によって決まるような実験や観察

事象　試行の結果として起こることがら

2 全事象・空事象・根元事象

全事象　全体集合 U で表される事象（必ず起こる事象）

空事象　空集合 $\varnothing$ で表される事象（決して起こらない事象）

根元事象　U のただ1つの要素からなる部分集合で表される事象

3 事象 A の確率 $P(A)$

ある試行において，全事象 U のどの根元事象が起こることも同じ程度に期待されるとき，これらの根元事象は 同様に確からしい という。このとき，事象 A の確率 $P(A)$ は

$$P(A)=\frac{n(A)}{n(U)}=\frac{\text{事象 }A\text{ の起こる場合の数}}{\text{起こり得るすべての場合の数}}$$

例 31　1，2，3の番号が1つずつ書かれた3枚のカードがある。

この中から1枚のカードを引く試行において，

全事象 U は　$U=\{1,\ 2,\ 3\}$

根元事象は　$\{1\}$，$\{2\}$，$\{$ ア $\square$ $\}$

例 32　1個のさいころを投げるとき，6の約数の目が出る確率を求めてみよう。

さいころの目の出方を1から6の数字で表すことにすると，

全事象 U は　$U=\{1,\ 2,\ 3,\ 4,\ 5,\ 6\}$

← 1の目が出ることを1と表している

と表される。U の6つの根元事象は，同様に確からしい。

このうち，「6の約数の目が出る」事象 A は　$A=\{1,\ 2,\ 3,\ 6\}$

よって，求める確率は

$$P(A)=\frac{n(A)}{n(U)}=\frac{4}{6}=\text{ア}\ \square$$

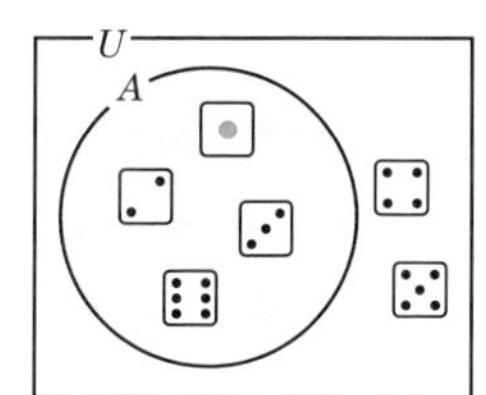

例 33　赤球3個，白球4個が入っている袋から球を1個取り出すとき，白球が出る確率を求めてみよう。

3個の赤球，4個の白球にそれぞれ番号をつけ，それらの球を取り出すことをそれぞれ r_1，r_2，r_3，w_1，w_2，w_3，w_4 と表すと，この試行における全事象 U は　$U=\{r_1,\ r_2,\ r_3,\ w_1,\ w_2,\ w_3,\ w_4\}$

と表される。U の7つの根元事象は，同様に確からしい。

このうち，「白球が出る」事象 A は　$A=\{w_1,\ w_2,\ w_3,\ w_4\}$

よって，求める確率は　$P(A)=\dfrac{n(A)}{n(U)}=$ ア $\square$

練　習　問　題

*34　1, 2, 3, 4, 5 の番号が 1 つずつ書かれた 5 枚のカードがある。この中から 1 枚のカードを引く試行において，全事象 U と根元事象を示せ。　◀例 31

35　1 個のさいころを投げるとき，次の確率を求めよ。　◀例 32

(1)　3 の倍数の目が出る確率

*(2)　3 より小さい目が出る確率

36　10 から 99 までの数が 1 つずつ書かれた 90 枚のカードから 1 枚のカードを引くとき，次の確率を求めよ。　◀例 32

*(1)　3 の倍数のカードを引く確率

(2)　引いたカードの十の位の数と一の位の数の和が 7 である確率

*37　赤球 3 個，白球 5 個が入っている袋から球を 1 個取り出すとき，白球が出る確率を求めよ。
◀例 33

13 いろいろな事象の確率 (1)

⇨教 p.41〜p.42

1 同様に確からしい事象の確率

すべての根元事象が同様に確からしいとき，事象 A の起こる確率は

$$P(A)=\frac{n(A)}{n(U)}=\frac{\text{事象 } A \text{ の起こる場合の数}}{\text{起こり得るすべての場合の数}}$$

例 34 1枚の500円硬貨を2回投げるとき，1回目と2回目で異なる面が出る確率を求めてみよう。

この試行における全事象 U は

$U=\{$(表，表)，(表，裏)，(裏，表)，(裏，裏)$\}$

と表される。この U の4つの根元事象は，同様に確からしい。

← 1回目が表，2回目が裏であることを，(表，裏)と表す

このうち，「異なる面が出る」事象 A は

$A=\{$(表，裏)，(裏，表)$\}$

よって，求める確率は

$$P(A)=\frac{n(A)}{n(U)}=\frac{2}{4}=\text{ア}\boxed{}$$

例 35 大小2個のさいころを同時に投げるとき，次の確率を求めてみよう。

(1) 目の和が8になる確率

大小2個のさいころの目の出方は全部で

$6\times6=36$ (通り)

目の和が8になるのは，

(2，6)，(3，5)，(4，4)，(5，3)，(6，2)

の5通りである。

よって，求める確率は ア $\boxed{}$

大＼小	⚀	⚁	⚂	⚃	⚄	⚅
⚀	2	3	4	5	6	7
⚁	3	4	5	6	7	8
⚂	4	5	6	7	8	9
⚃	5	6	7	8	9	10
⚄	6	7	8	9	10	11
⚅	7	8	9	10	11	12

(2) 目の和が10以上になる確率

目の和が10以上になるのは，

(4，6)，(5，5)，(5，6)，(6，4)，(6，5)，(6，6)

の6通りである。

よって，求める確率は $\frac{6}{36}=$ イ $\boxed{}$

練　習　問　題

***38** 10 円硬貨 1 枚と 100 円硬貨 1 枚を同時に投げるとき，2 枚とも裏が出る確率を求めよ。

◀例 34

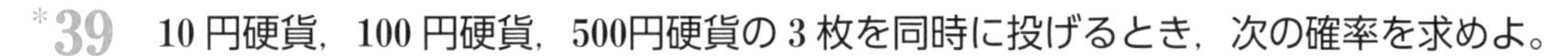

***39** 10 円硬貨，100 円硬貨，500円硬貨の 3 枚を同時に投げるとき，次の確率を求めよ。

◀例 34

(1) 3 枚とも表が出る確率

(2) 2 枚だけ表が出る確率

***40** 大小 2 個のさいころを同時に投げるとき，次の確率を求めよ。 ◀例 35

(1) 目の和が 5 になる確率

(2) 目の和が 6 以下になる確率

14 いろいろな事象の確率 (2)

⇨教 p.43

1 いろいろな事象の確率

すべての根元事象が同様に確からしいとき，起こり得るすべての場合の数や事象 A の起こる場合の数は，必要に応じて，順列や組合せの考え方を利用して求めるとよい。

例 36 a，b の 2 人を含む 5 人でリレーを行う。走る順番をくじで決めるとき，a が 1 番目，b が 5 番目になる確率を求めてみよう。

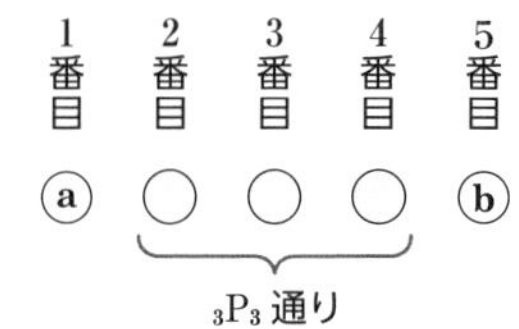

5 人全員の走る順番の総数は　$_5P_5 = 5!$ (通り)

a が 1 番目，b が 5 番目になる場合は，a，b 以外の 3 人の並び方の総数だけあるから

$_3P_3 = 3!$ (通り)

よって，求める確率は

$$\frac{3!}{5!} = \frac{3\cdot2\cdot1}{5\cdot4\cdot3\cdot2\cdot1} = {}^{ア}\boxed{}$$

TRY

例 37 赤球 3 個，白球 3 個が入っている袋から，3 個の球を同時に取り出すとき，赤球 2 個，白球 1 個を取り出す確率を求めてみよう。

6 個の球から 3 個の球を同時に取り出す取り出し方は　$_6C_3$ 通り

赤球 2 個，白球 1 個を取り出す取り出し方は　$_3C_2 \times {}_3C_1$ (通り)

よって，求める確率は

$$\frac{_3C_2 \times {}_3C_1}{_6C_3} = \frac{3\times3}{20} = {}^{ア}\boxed{}$$

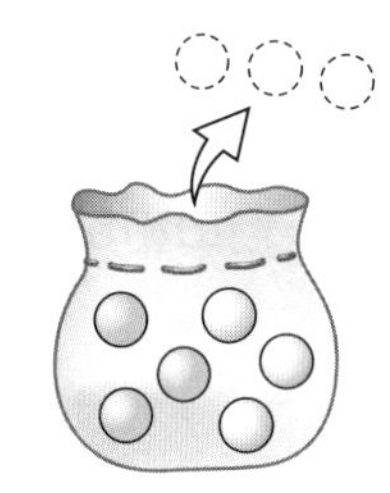

練習問題

*41 a，b の 2 人を含む 5 人でリレーを行う。走る順番をくじで決めるとき，a が 2 番目，b が 4 番目になる確率を求めよ。 ◀例 36

*42 a, b, c の 3 人を含む 6 人が 1 列に並ぶ。並ぶ場所をくじで決めるとき，左から 1 番目が a，3 番目が b，5 番目が c になる確率を求めよ。 ◀例 36

TRY
43 赤球 4 個，白球 3 個が入っている袋から，3 個の球を同時に取り出すとき，次の球を取り出す確率を求めよ。 ◀例 37

(1) 赤球 3 個

*(2) 赤球 2 個，白球 1 個

15 確率の基本性質 (1)

⇨教 p.44〜p.47

1 積事象と和事象

積事象 $A\cap B$　2つの事象 A と B がともに起こる事象

和事象 $A\cup B$　事象 A または事象 B が起こる事象

2 排反事象

2つの事象 A と B が同時には起こらないとき，すなわち $A\cap B=\varnothing$ であるとき，A と B は互いに 排反 である，または 排反事象 であるという。

3 確率の基本性質

[1]　任意の事象 A について　　$0\leqq P(A)\leqq 1$

[2]　全事象 U について　　$P(U)=1$

　　空事象 $\varnothing$ について　　$P(\varnothing)=0$

[3]　事象 A と B が互いに排反のとき　$P(A\cup B)=P(A)+P(B)$

例 38　1個のさいころを投げるとき，「奇数の目が出る」事象を A，「3以上の目が出る」事象を B とすると，

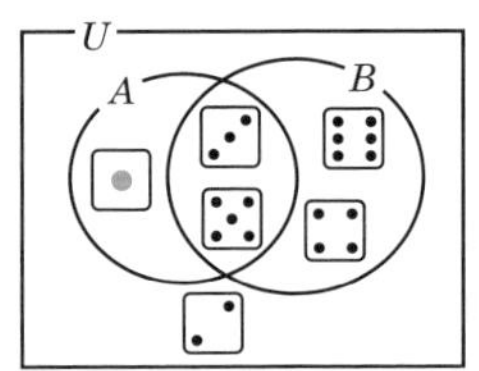

$A=\{1,\ 3,\ 5\}$，$B=\{3,\ 4,\ 5,\ 6\}$ より，

A と B の積事象は　$A\cap B=\{3,\ 5\}$

A と B の和事象は　$A\cup B=\{{}^{ア}\boxed{}\}$

例 39　1から10までの番号が1つずつ書かれた10枚のカードがある。この中からカードを1枚引くとき，引いたカードの番号が「3の倍数である」事象を A，「4の倍数である」事象を B とすると

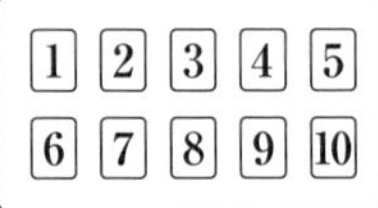

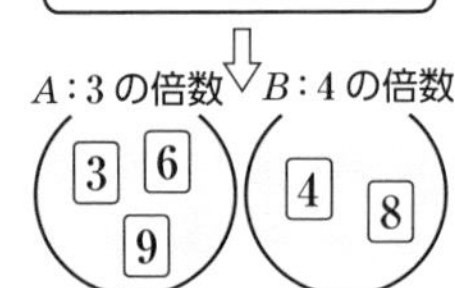

$A\cap B=\varnothing$

すなわち，事象 A と B は互いに ${}^{ア}\boxed{}$ である。

例 40　各等の当たる確率が，右の表のようなくじがある。このくじを1本引くとき，1等または2等が当たる確率を求めてみよう。

1等	2等	3等	はずれ
$\frac{1}{12}$	$\frac{2}{12}$	$\frac{3}{12}$	$\frac{6}{12}$

1等が当たる事象を A，2等が当たる事象を B とすると，事象 A と B は互いに排反である。

よって，求める確率は

$$P(A\cup B)=P(A)+P(B)$$

$$=\frac{1}{12}+\frac{2}{12}={}^{ア}\boxed{}$$

← $\frac{2}{12}$ などを約分しない方が計算が楽

練習問題

*44　1個のさいころを投げるとき，「偶数の目が出る」事象を A，「素数の目が出る」事象を B とする。このとき，積事象 $A \cap B$ と和事象 $A \cup B$ を求めよ。 ◀例 38

*45　1から30までの番号が1つずつ書かれた30枚のカードがある。この中からカードを1枚引く。次の事象のうち，互いに排反である事象はどれとどれか。 ◀例 39

A：番号が「偶数である」事象

B：番号が「5の倍数である」事象

C：番号が「24の約数である」事象

46　各等の当たる確率が，右の表のようなくじがある。このくじを1本引くとき，次の確率を求めよ。 ◀例 40

1等	2等	3等	4等	はずれ
$\frac{1}{20}$	$\frac{2}{20}$	$\frac{3}{20}$	$\frac{4}{20}$	$\frac{10}{20}$

*(1)　1等または2等が当たる確率

(2)　4等が当たるか，またははずれる確率

16 確率の基本性質 (2)

⇨教 p.47〜p.48

1 確率の加法定理

2つの事象 A と B が互いに排反のとき

$$P(A\cup B)=P(A)+P(B)$$

2 一般の和事象の確率

$$P(A\cup B)=P(A)+P(B)-P(A\cap B)$$

例 41 男子4人，女子3人の中から2人の委員を選ぶとき，2人とも男子または2人とも女子が選ばれる確率を求めてみよう。

「2人とも男子が選ばれる」事象を A

「2人とも女子が選ばれる」事象を B

とすると　$P(A)=\dfrac{{}_4\mathrm{C}_2}{{}_7\mathrm{C}_2}=\dfrac{6}{21}$，　$P(B)=\dfrac{{}_3\mathrm{C}_2}{{}_7\mathrm{C}_2}=\dfrac{3}{21}$

「2人とも男子または2人とも女子が選ばれる」事象は，A と B の和事象 $A\cup B$ であり，A と B は互いに排反である。

← A と B は同時には起こらない

よって，求める確率は

$$P(A\cup B)=P(A)+P(B)$$

$$=\frac{6}{21}+\frac{3}{21}$$

$$=\frac{9}{21}=\text{ア}\boxed{}$$

TRY

例 42 1から50までの番号が1つずつ書かれた50枚のカードがある。この中から1枚のカードを引くとき，引いたカードの番号が3の倍数または4の倍数である確率を求めてみよう。

引いたカードの番号が，「3の倍数である」事象を A，「4の倍数である」事象を B とすると

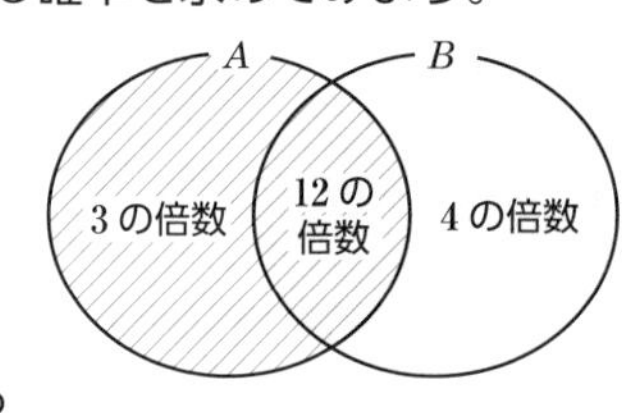

$$A=\{3\times1,\ 3\times2,\ 3\times3,\ \cdots\cdots,\ 3\times16\}$$

$$B=\{4\times1,\ 4\times2,\ 4\times3,\ \cdots\cdots,\ 4\times12\}$$

積事象 $A\cap B$ は，3と4の最小公倍数12の倍数である事象であるから

$$A\cap B=\{12\times1,\ 12\times2,\ 12\times3,\ 12\times4\}$$

ゆえに　$n(A)=16$，$n(B)=12$，$n(A\cap B)=4$

よって　$P(A)=\dfrac{16}{50}$，$P(B)=\dfrac{12}{50}$，$P(A\cap B)=\dfrac{4}{50}$

したがって，求める確率は

$$P(A\cup B)=P(A)+P(B)-P(A\cap B)$$

$$=\frac{16}{50}+\frac{12}{50}-\frac{4}{50}=\frac{24}{50}=\text{ア}\boxed{}$$

練　習　問　題

*47　男子3人，女子5人の中から3人の委員を選ぶとき，3人とも男子または3人とも女子が選ばれる確率を求めよ。　◀例 41

TRY
48　1から100までの番号が1つずつ書かれた100枚のカードがある。この中から1枚のカードを引くとき，引いたカードの番号が4の倍数または6の倍数である確率を求めよ。

◀例 42

17 余事象とその確率

⇨教 p.49〜p.50

1 余事象の確率

事象 A に対して，A が起こらないという事象を A の 余事象 といい，$\overline{A}$ で表す。

$$P(\overline{A})=1-P(A)$$

注 $P(A)=1-P(\overline{A})$ の形で用いることもある。

例 43 1 から 30 までの番号が 1 つずつ書かれた 30 枚のカードがある。この中から 1 枚のカードを引くとき，引いたカードの番号が 3 の倍数でない確率を求めてみよう。

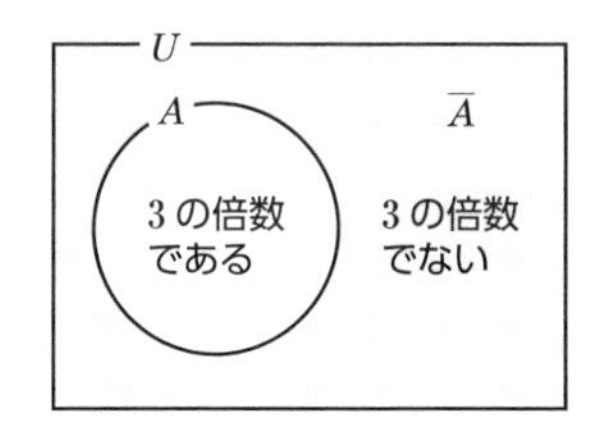

引いたカードの番号が「3 の倍数である」事象を A とすると，「3 の倍数でない」事象は，事象 A の余事象 $\overline{A}$ である。

$A=\{3\times1,\ 3\times2,\ 3\times3,\ \cdots\cdots,\ 3\times10\}$ より

$$P(A)=\frac{10}{30}=\frac{1}{3}$$

よって，求める確率は

$$P(\overline{A})=1-P(A)=1-\frac{1}{3}=\ ^{ア}\boxed{}$$

TRY
例 44 赤球 4 個，白球 4 個が入っている袋から，3 個の球を同時に取り出すとき，少なくとも 1 個は赤球である確率を求めてみよう。

「少なくとも 1 個は赤球である」事象を A とすると，事象 A の余事象 $\overline{A}$ は「3 個とも白球である」事象である。球は全部で 8 個であり，この中から 3 個の球を取り出す取り出し方は

← 「少なくとも 1 つ…」という事象の確率は，余事象の確率を利用することが多い

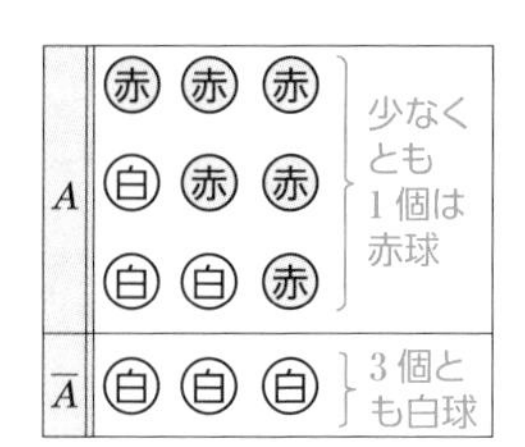

$_8C_3=56$（通り）

このうち，3 個とも白球になる取り出し方は

$_4C_3=4$（通り）

よって，事象 $\overline{A}$ が起こる確率 $P(\overline{A})$ は

$$P(\overline{A})=\frac{_4C_3}{_8C_3}=\frac{4}{56}=\frac{1}{14}$$

したがって，求める確率は

$$P(A)=1-P(\overline{A})=1-\frac{1}{14}=\ ^{ア}\boxed{}$$

練　習　問　題

*49　1 から 30 までの番号が 1 つずつ書かれた 30 枚のカードがある。この中から 1 枚のカードを引くとき，引いたカードの番号が 5 の倍数でない確率を求めよ。　◀例 43

TRY
*50　赤球 4 個，白球 5 個が入っている箱から，3 個の球を同時に取り出すとき，少なくとも 1 個は白球である確率を求めよ。　◀例 44

TRY
51　当たりくじ 3 本を含む 12 本のくじから，4 本のくじを同時に引くとき，少なくとも 1 本は当たる確率を求めよ。　◀例 44

確 認 問 題 4

*1　1, 2, 3, 4, 5, 6, 7, 8, 9 の番号が 1 つずつ書かれた 9 枚のカードがある。この中から 1 枚のカードを引く試行において，全事象 U と根元事象を示せ。

2　1 個のさいころを投げるとき，次の確率を求めよ。

(1)　4 の約数の目が出る確率

*(2)　2 より大きい目が出る確率

*3　10 円硬貨，100 円硬貨，500 円硬貨の 3 枚を同時に投げるとき，3 枚とも裏が出る確率を求めよ。

*4　1 個のさいころを 2 回投げるとき，次の確率を求めよ。

(1)　目の和が 10 になる確率

(2)　目の和が偶数になる確率

*5　赤球 5 個，白球 3 個が入っている袋から，3 個の球を同時に取り出すとき，赤球 1 個，白球 2 個を取り出す確率を求めよ。

*6　1から9までの番号が1つずつ書かれた9枚のカードがある。この中からカードを1枚引くとき，「偶数のカードを引く」事象をA，「素数のカードを引く」事象をBとする。このとき，積事象 $A \cap B$ と和事象 $A \cup B$ を求めよ。

*7　1から100までの番号が1つずつ書かれた100枚のカードがある。この中から1枚のカードを引くとき，引いたカードの番号が8の倍数または12の倍数である確率を求めよ。

*8　1から50までの番号が1つずつ書かれた50枚のカードがある。この中から1枚のカードを引くとき，引いたカードの番号が7の倍数でない確率を求めよ。

*9　赤球5個，白球5個が入っている箱から，2個の球を同時に取り出すとき，少なくとも1個は白球である確率を求めよ。

18 独立な試行の確率・反復試行の確率

⇨教 p.52〜p.56

1 独立な試行の確率

2つの試行において，一方の試行の結果が他方の試行の結果に影響をおよぼさないとき，この2つの試行は互いに 独立である という。

互いに独立な試行SとTにおいて，Sで事象Aが起こり，Tで事象Bが起こる確率は

$$P(A)\times P(B)$$

2 反復試行の確率

同じ条件のもとでの試行のくり返しを 反復試行 という。

1回の試行において，事象Aの起こる確率をpとする。この試行をn回くり返す反復試行で，事象Aがちょうどr回起こる確率は

$${}_n\mathrm{C}_r\, p^r(1-p)^{n-r}$$

← $1-p$は事象Aが起こらない確率

例 45 1個のさいころと1枚の硬貨を投げるとき，さいころは3の倍数の目が出て，硬貨は表が出る確率を求めてみよう。

これらの2つの試行は，互いに独立である。

さいころで3の倍数の目が出る確率は $\dfrac{2}{6}$

← さいころの目の出方と硬貨の表裏の出方は互いに影響をおよぼさない

硬貨で表が出る確率は $\dfrac{1}{2}$

よって，求める確率は $\dfrac{2}{6}\times\dfrac{1}{2}=$ ア［　　］

例 46 1個のさいころを続けて3回投げるとき，1回目に6の目が出て，2回目に偶数の目が出て，3回目に3以下の目が出る確率を求めてみよう。

各回の試行は，互いに独立である。

1回目に6の目が出る確率は $\dfrac{1}{6}$

2回目に偶数の目が出る確率は $\dfrac{3}{6}$

← 偶数の目：{2, 4, 6}

3回目に3以下の目が出る確率は $\dfrac{3}{6}$

← 3以下の目：{1, 2, 3}

よって，求める確率は $\dfrac{1}{6}\times\dfrac{3}{6}\times\dfrac{3}{6}=$ ア［　　］

例 47 1枚の硬貨を続けて4回投げるとき，表がちょうど2回出る確率を求めてみよう。

1枚の硬貨を1回投げるとき，表が出る確率は $\dfrac{1}{2}$

また，4回のうち表が2回出るとき，残りの2回は裏である。

よって，求める確率は ${}_4\mathrm{C}_2\left(\dfrac{1}{2}\right)^2\left(1-\dfrac{1}{2}\right)^{4-2}=6\times\dfrac{1}{4}\times\dfrac{1}{4}=$ ア［　　］

練　習　問　題

*52　1 個のさいころと 1 枚の硬貨を投げるとき，さいころは 3 以上の目が出て，硬貨は裏が出る確率を求めよ。　◀例 45

53　1 個のさいころを続けて 3 回投げるとき，次の確率を求めよ。　◀例 46

*(1)　1 回目に 1 の目，2 回目に 2 の倍数の目，3 回目に 3 以上の目が出る確率

(2)　1 回目に 6 の約数の目，2 回目に 3 の倍数の目，3 回目に 2 以下の目が出る確率

*54　1 枚の硬貨を続けて 6 回投げるとき，表がちょうど 2 回出る確率を求めよ。　◀例 47

19 条件つき確率と乗法定理

⇨教 p.58〜p.61

1 条件つき確率

事象 A が起こったという条件のもとで事象 B が起こる確率を，事象 A が起こったときの事象 B の起こる条件つき確率 といい，$P_A(B)$ で表す。

[1] 条件つき確率

$$P_A(B)=\frac{n(A\cap B)}{n(A)}=\frac{P(A\cap B)}{P(A)}$$

[2] 乗法定理

$$P(A\cap B)=P(A)\times P_A(B)$$

例 48

右の表は，ある部に所属する 1，2 年生の男女別人数表である。この中から 1 人を選ぶとき，その生徒が 1 年生である事象を A，女子である事象を B とする。次の条件つき確率を求めてみよう。

	男子	女子
1年	7	4
2年	5	3

(1) $P_A(B)$

$$P_A(B)=\frac{n(A\cap B)}{n(A)}=\frac{4}{7+4}=\ ^{ア}\boxed{}$$

← $P_A(B)$ は，選んだ生徒が 1 年生であるとき，その生徒が女子である確率

(2) $P_B(A)$

$$P_B(A)=\frac{n(B\cap A)}{n(B)}=\frac{4}{4+3}=\ ^{イ}\boxed{}$$

← $P_B(A)$ は，選んだ生徒が女子であるとき，その生徒が 1 年生である確率

例 49

3 本の当たりくじを含む 8 本のくじがある。a，b の 2 人がこの順にくじを 1 本ずつ引くとき，次の確率を求めてみよう。ただし，引いたくじはもとにもどさないものとする。

(1) a が当たりを引いたとき，b も当たりを引く条件つき確率

「a が当たる」事象を A，「b が当たる」事象を B とすると，求める確率は $P_A(B)$ である。

a が当たりを引いたとき，当たりくじが 1 本減るから，b も当たりを引く確率は

$$P_A(B)=\frac{3-1}{8-1}=\ ^{ア}\boxed{}$$

← a が当たりを引いたとき，残りのくじは $(8-1)$ 本，そのうち当たりくじは $(3-1)$ 本

(2) 2 人とも当たりを引く確率

「2 人とも当たる」事象は $A\cap B$ であるから，2 人とも当たる確率は $P(A\cap B)$ である。

$$P(A)=\frac{3}{8},\quad P_A(B)=\ ^{ア}\boxed{}$$

であるから，求める確率は，乗法定理より

$$P(A\cap B)=P(A)\times P_A(B)=\frac{3}{8}\times\ ^{ア}\boxed{}=\ ^{イ}\boxed{}$$

練習問題

*55 あるクラス40人の部活動への入部状況を調べたら，右の表の通りであった。この中から1人を選ぶとき，その生徒が女子である事象をA，運動部に所属している事象をBとする。次の条件つき確率を求めよ。 ◀例48

	男子	女子
運動部	14	9
文化部	6	11

(1) $P_A(B)$　　(2) $P_B(A)$

*56 4本の当たりくじを含む10本のくじがある。a，bの2人がこの順にくじを1本ずつ引くとき，次の確率を求めよ。ただし，引いたくじはもとにもどさないものとする。 ◀例49

(1) aが当たりを引いたとき，bも当たりを引く条件つき確率

(2) 2人とも当たりを引く確率

*57 赤球3個と白球5個が入った箱から，球を1個ずつ続けて2個取り出す試行を考える。このとき，次の確率を求めよ。ただし，取り出した球はもとにもどさないものとする。

◀例49

(1) 1個目に赤球が出たとき，2個目に白球が出る条件つき確率

(2) 1個目に赤球，2個目に白球が出る確率

20 期待値

⇨教 p.62〜p.64

1 期待値

ある試行の結果によって，変量 X の取る値が

$$x_1,\ x_2,\ \cdots\cdots,\ x_n$$

のいずれかであり，これらの値を取る事象の確率が，それぞれ

$$p_1,\ p_2,\ \cdots\cdots,\ p_n$$

であるとする。このとき

$$x_1p_1+x_2p_2+\cdots\cdots+x_np_n$$

の値を，X の 期待値 という。ただし，$p_1+p_2+\cdots\cdots+p_n=1$ である。

例 50 2，4，6，8 の数字が 1 つずつ書かれた 4 枚のカードから，1 枚のカードを引くとき，引いたカードに書かれた数の期待値を求めてみよう。

引いたカードに書かれた数は 2，4，6，8 のいずれかであり，これらの数が書かれたカードを引く確率は，すべて $\frac{1}{4}$ である。

よって，求める期待値は

$$2\times\frac{1}{4}+4\times\frac{1}{4}+6\times\frac{1}{4}+8\times\frac{1}{4}=\frac{20}{4}=^{ア}\boxed{}$$

例 51 赤球 2 個と白球 4 個が入った袋から，2 個の球を同時に取り出し，取り出した赤球 1 個につき 100 点がもらえるゲームを行う。1 回のゲームでもらえる点数の期待値を求めてみよう。

取り出した 2 個の球に含まれる赤球の個数は，0 個，1 個，2 個のいずれかである。

赤球が 0 個である確率は $\dfrac{{}_4C_2}{{}_6C_2}=\dfrac{6}{15}$ ← 赤球 0 個，白球 2 個

赤球が 1 個である確率は $\dfrac{{}_2C_1\times{}_4C_1}{{}_6C_2}=\dfrac{8}{15}$ ← 赤球 1 個，白球 1 個

赤球が 2 個である確率は $\dfrac{{}_2C_2}{{}_6C_2}=\dfrac{1}{15}$ ← 赤球 2 個，白球 0 個

したがって，もらえる点数とその確率は，右の表のようになる。

点数	0	100	200	計
確率	$\frac{6}{15}$	$\frac{8}{15}$	$\frac{1}{15}$	1

よって，求める期待値は

$$0\times\frac{6}{15}+100\times\frac{8}{15}+200\times\frac{1}{15}=\frac{1000}{15}=^{ア}\boxed{}\text{（点）}$$

練　習　問　題

*58　1, 3, 5, 7, 9 の数字が 1 つずつ書かれた 5 枚のカードから，1 枚のカードを引くとき，引いたカードに書かれた数の期待値を求めよ。　◀例 50

59　1 枚の硬貨を続けて 3 回投げるとき，表が出る回数の期待値を求めよ。　◀例 50

*60　赤球 3 個と白球 2 個が入った袋から，3 個の球を同時に取り出し，取り出した赤球 1 個につき 500 点がもらえるゲームを行う。1 回のゲームでもらえる点数の期待値を求めよ。

◀例 51

確認問題 5

*1　赤球 3 個，白球 6 個が入っている袋 A と，青球 6 個，黄球 2 個が入っている袋 B がある。A，B から 1 個ずつ球を取り出すとき，袋 A から赤球，袋 B から青球を取り出す確率を求めよ。

*2　赤球 5 個，白球 4 個，青球 3 個が入っている袋がある。この袋から球を 1 個取り出し，色を確かめてからもとにもどす。この試行を 3 回くり返すとき，赤球，白球，青球の順に取り出される確率を求めよ。

*3　1 個のさいころを続けて 5 回投げるとき，5 以上の目がちょうど 3 回出る確率を求めよ。

*4　1 から 10 までの番号が 1 つずつ書かれた 10 枚のカードから，続けてカードを 2 枚引く試行を考える。ただし，引いたカードはもとにもどさないものとする。この試行において，1 枚目に 3 の倍数が出たときに，2 枚目に 4 の倍数が出る条件つき確率を求めよ。

5　赤球 4 個，白球 5 個が入っている袋がある。この袋から球を 1 個取り出す。この試行を 2 回くり返すとき，次の確率を求めよ。ただし，取り出した球はもとにもどさないものとする。

*(1)　1 回目に赤球，2 回目に白球が出る確率

(2)　2 回とも赤球が出る確率

*6　3 本の当たりくじを含む 10 本のくじがある。この中から 2 本のくじを同時に引くとき，引いた当たりくじ 1 本につき 100 点がもらえるゲームを行う。1 回のゲームでもらえる点数の期待値を求めよ。

TRY PLUS

例題 1　身近な確率

⇨教 p.51 応用例題 4

a，b，c の 3 人がじゃんけんを 1 回するとき，次の確率を求めよ。

(1)　a と b の 2 人が負ける確率　　(2)　3 人のうち 2 人が勝つ確率

解　3 人の手の出し方の総数は　$3^3 = 27$ (通り)

(1)　a と b の 2 人が負ける場合は，a と b が，グー，チョキ，パーのそれぞれで負ける 3 通りがある。

よって，求める確率は　$\dfrac{3}{3^3} = \dfrac{3}{27} = \dfrac{1}{9}$

(2)　3 人のうち，勝つ 2 人の選び方は ${}_3C_2$ 通りあり，それぞれの場合について，グー，チョキ，パーで勝つ 3 通りがある。

よって，求める確率は　$\dfrac{{}_3C_2 \times 3}{3^3} = \dfrac{3 \times 3}{27} = \dfrac{1}{3}$

問 1　a，b，c，d の 4 人がじゃんけんを 1 回するとき，次の確率を求めよ。

(1)　a と b の 2 人だけが勝つ確率

(2)　4 人のうち 2 人だけが勝つ確率

(3)　4 人のうち 3 人が勝つ確率

例題 2　反復試行の確率

⇨教 p.56 例題 7

1 個のさいころを続けて 4 回投げるとき，1 の目が 3 回以上出る確率を求めよ。

解　1 個のさいころを 1 回投げるとき，1 の目が出る確率は $\frac{1}{6}$

「1 の目がちょうど 3 回出る」事象を A，「4 回とも 1 の目が出る」事象を B とすると，1 の目が 3 回以上出る事象は $A\cup B$ である。

ここで

$$P(A)={}_4C_3\left(\frac{1}{6}\right)^3\left(1-\frac{1}{6}\right)^{4-3}$$

$$=4\times\frac{1}{6^3}\times\frac{5}{6}=\frac{20}{6^4}$$

$$P(B)={}_4C_4\left(\frac{1}{6}\right)^4$$

$$=\frac{1}{6^4}$$

○：1 の目　✕：1 以外の目

	1 回目	2 回目	3 回目	4 回目	
A	○	○	○	✕	${}_4C_3$ 通り
	○	○	✕	○	
	○	✕	○	○	
	✕	○	○	○	
B	○	○	○	○	${}_4C_4$ 通り

である。A と B は互いに排反であるから，求める確率は

$$P(A\cup B)=P(A)+P(B)=\frac{20}{6^4}+\frac{1}{6^4}=\frac{21}{6^4}=\frac{7}{432}$$

問 2　1 個のさいころを続けて 3 回投げるとき，1 の目が 2 回以上出る確率を求めよ。

21 平行線と線分の比

⇨教 p.70~p.71

1 平行線と線分の比

右の図の △ADE と △ABC において，DE ∥ BC ならば

$AD : AB = AE : AC$

$AD : AB = DE : BC$

$AD : DB = AE : EC$

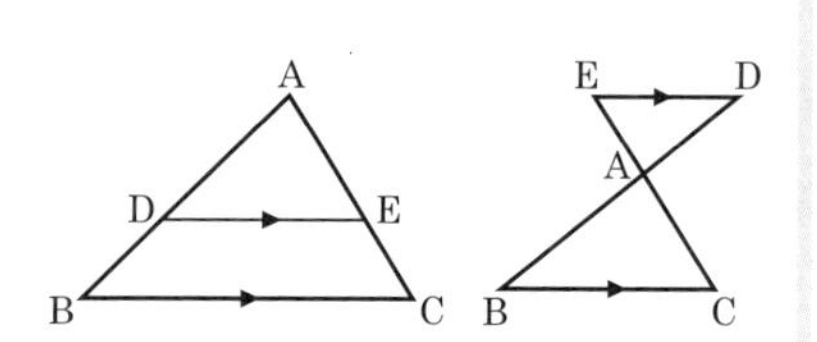

2 線分の内分と外分

(1) 内分

点 P は線分 AB を $m : n$ に内分

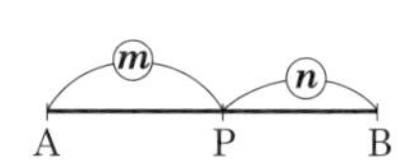

(2) 外分

点 Q は線分 AB を $m : n$ に外分

$m > n$ のとき

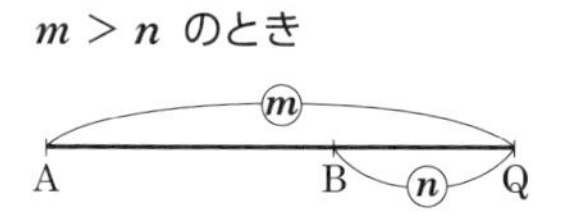

$m < n$ のとき

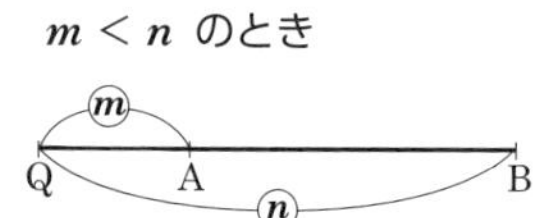

例 52

右の図において，DE ∥ BC のとき，x，y を求めてみよう。

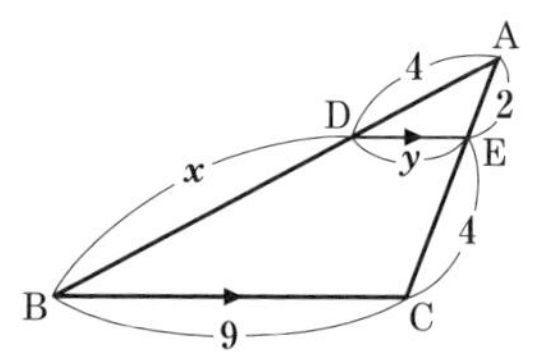

DE ∥ BC より　$AD : DB = AE : EC$ であるから

$4 : x = 2 : 4$　より　　$2x = 16$

よって　　$x =$ ア［　　］

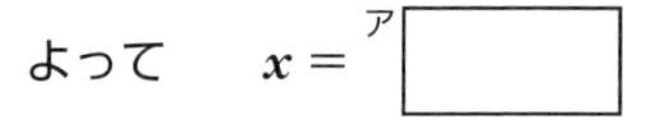

また，$DE : BC = AE : AC$ であるから

$y : 9 = 2 : (2+4)$

よって　　$6y = 9 \times 2$

したがって　　$y =$ イ［　　］

例 53

下の線分 AB において，次の点を図示してみよう。

(1) $1 : 3$ に内分する点 P

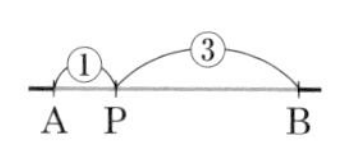

(2) $2 : 1$ に外分する点 Q

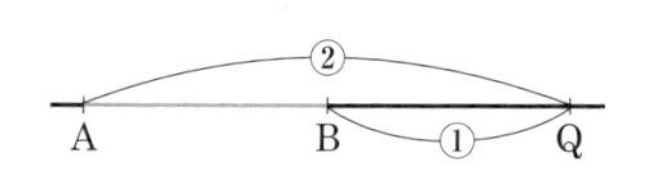

(3) $3 : 5$ に外分する点 R

練習問題

***61** 次の図において，DE // BC のとき，x，y を求めよ。 ◀例 52

(1)

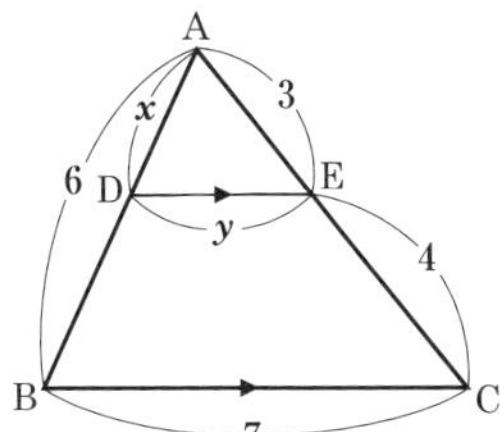

(2)

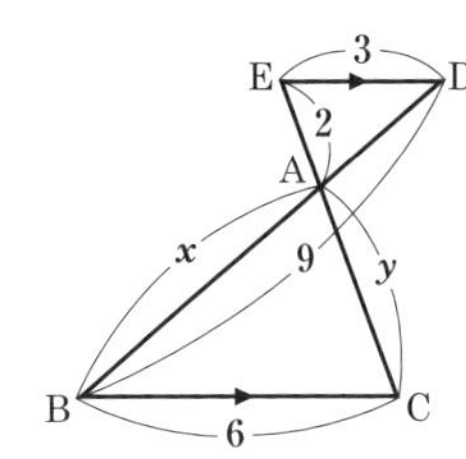

(3)

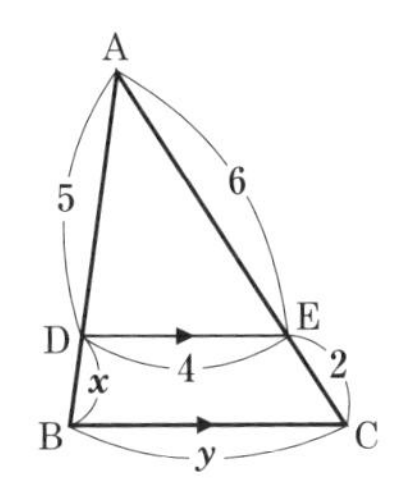

(4)

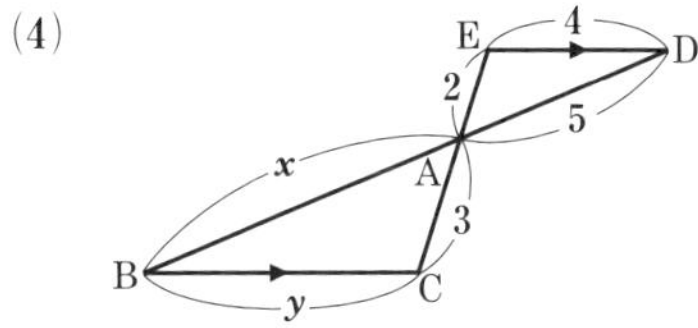

***62** 下の図の線分 AB において，次の点を図示せよ。 

(1) **1：1** に内分する点 **C**　　(2) **3：1** に内分する点 **D**

(3) **2：1** に外分する点 **E**　　(4) **1：3** に外分する点 **F**

A　B

22 角の二等分線と線分の比

⇨教 p.72〜p.73

1 角の二等分線と線分の比

(1) 内角の二等分線と線分の比

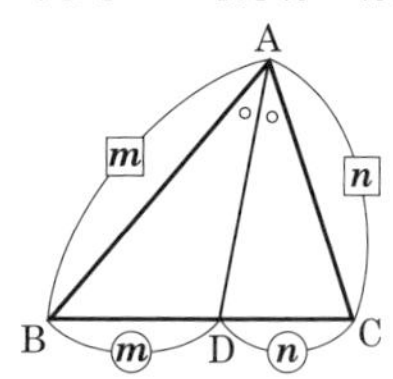

BD : DC = AB : AC

(2) 外角の二等分線と線分の比

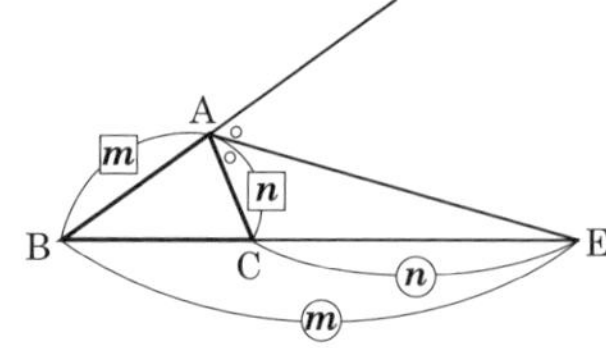

BE : EC = AB : AC

例 54 右の図の △ABC において，AD が ∠A の二等分線であるとき，線分 BD の長さ x を求めてみよう。

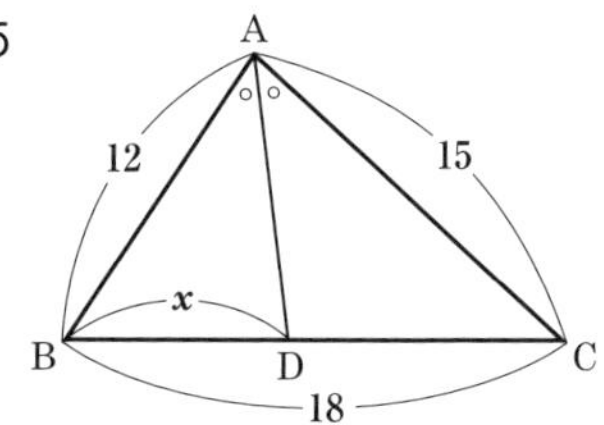

BD : DC = AB : AC より

$x : (18 - x) = 12 : 15$

よって $15x = 12(18 - x)$

したがって $x =$ ア[ ]

例 55 右の図の △ABC において，AE が ∠A の外角の二等分線であるとき，線分 CE の長さ x を求めてみよう。

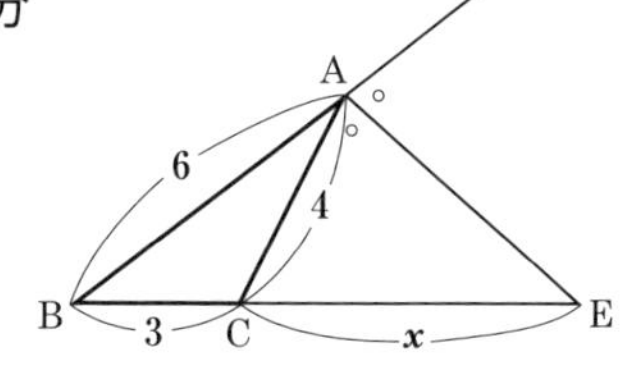

BE : EC = AB : AC より

$(x + 3) : x = 6 : 4$

よって $6x = 4(x + 3)$

したがって $x =$ ア[ ]

練　習　問　題

*63　右の図の △ABC において，AD が ∠A の二等分線であるとき，線分 BD の長さ x を求めよ。　◀例 54

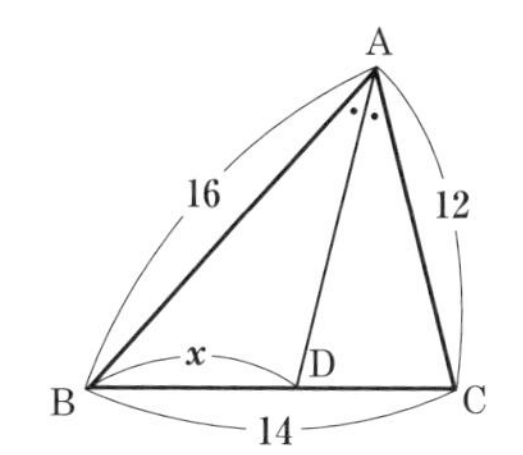

64　右の図の △ABC において，AD が ∠A の二等分線，AE が ∠A の外角の二等分線であるとき，次の線分の長さを求めよ。　◀例 54　例 55

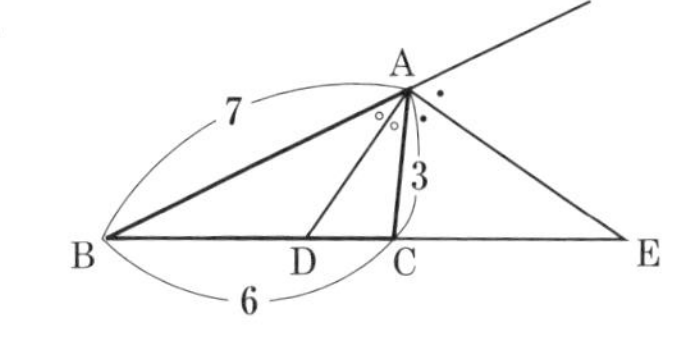

*(1)　BD

*(2)　CE

(3)　DE

23 三角形の重心・内心・外心

⇨教 p.74〜p.79

1 重心

(1) 三角形の 3 本の中線は 1 点 G で交わり，この交点 G を 重心 という。

(2) 重心 G は，それぞれの中線を 2：1 に内分する。

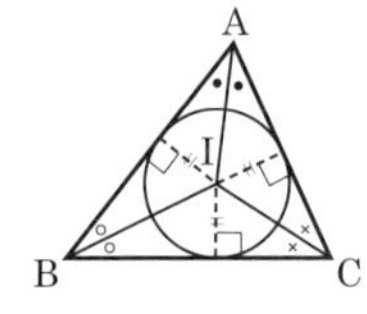

2 内心

(1) 三角形の 3 つの内角の二等分線は 1 点 I で交わり，この交点 I を 内心 という。

(2) 内心 I は三角形の内接円の中心であり，内心から各辺までの距離は等しい。

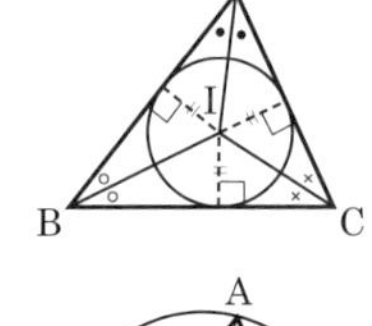

3 外心

(1) 三角形の 3 つの辺の垂直二等分線は 1 点 O で交わり，この交点 O を 外心 という。

(2) 外心 O は三角形の外接円の中心であり，外心から各頂点までの距離は等しい。

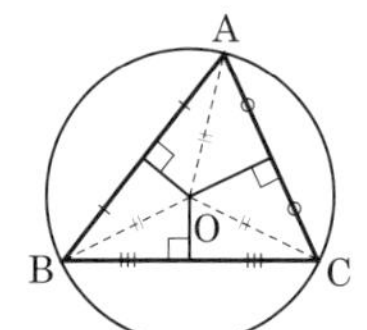

例 56 右の図において，点 G は △ABC の重心であり，G を通る線分 PQ は辺 BC に平行である。BD = 9 のとき，PQ の長さを求めてみよう。

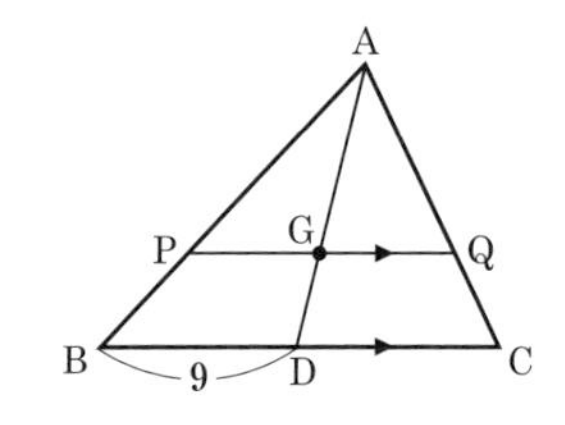

G は △ABC の重心であるから　　$AG : GD = 2 : 1$

D は BC の中点であるから　　$BC = 2BD = 18$

また，$PQ \parallel BC$ であるから　　$PQ : BC = AP : AB = AG : AD$

よって　$PQ : 18 = 2 : (2+1)$　より　$PQ =$ ア［　　］

例 57 右の図において，点 I は △ABC の内心である。このとき θ を求めてみよう。

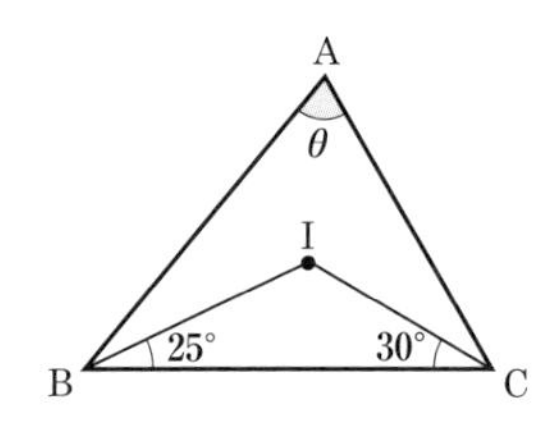

I は △ABC の内心であるから

$\angle IBA = \angle IBC = 25°$，$\angle ICA = \angle ICB = 30°$

△ABC において，内角の和は 180° であるから

$\theta + 2 \times (25° + 30°) = 180°$　　したがって　$\theta =$ ア［　　］

例 58 右の図において，点 O は △ABC の外心である。このとき θ を求めてみよう。

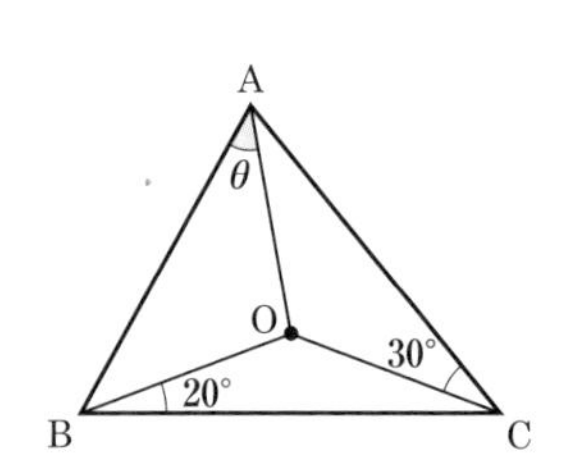

O は △ABC の外心であるから，$OA = OB = OC$ より △OAB，△OBC，△OCA はいずれも二等辺三角形である。

よって　$\angle OBA = \angle OAB = \theta$

$\angle OCB = \angle OBC = 20°$

$\angle OAC = \angle OCA = 30°$

△ABC において，内角の和は 180° であるから

$2 \times (\theta + 20° + 30°) = 180°$　　したがって　$\theta =$ ア［　　］

練　習　問　題

65　右の図において，点 G は $\triangle$ABC の重心であり，G を通る線分 PQ は辺 BC に平行である。AP $= 4$，BC $= 9$ のとき，PB，PQ の長さを求めよ。　◀ 例 56

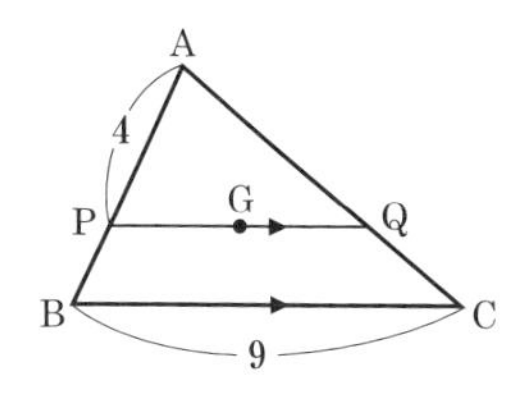

*__66__　次の図において，点 I は $\triangle$ABC の内心である。このとき θ を求めよ。　◀ 例 57

(1)

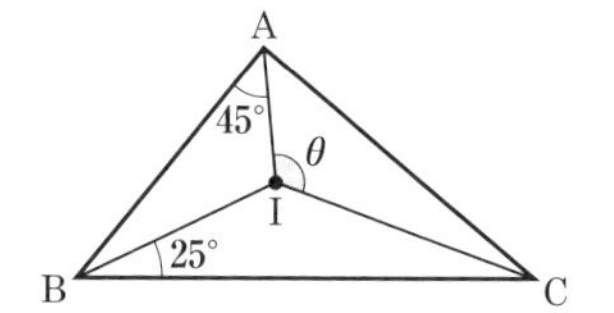

(2)

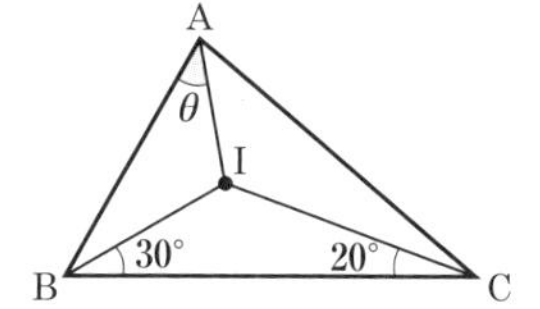

(3)

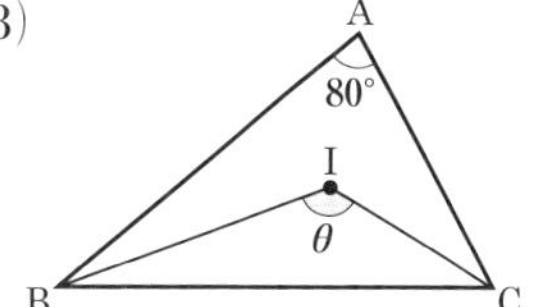

67　次の図において，点 O は $\triangle$ABC の外心である。このとき θ を求めよ。　◀ 例 58

*(1)

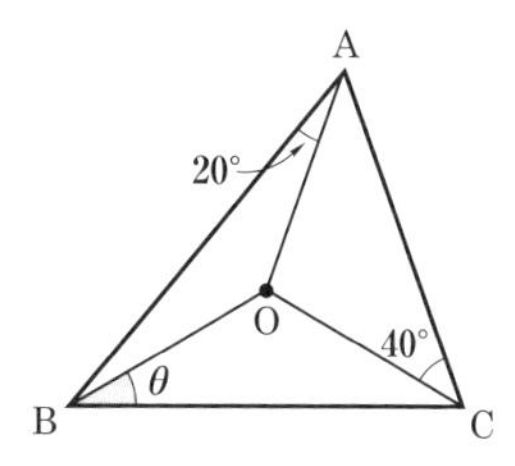

*(2)

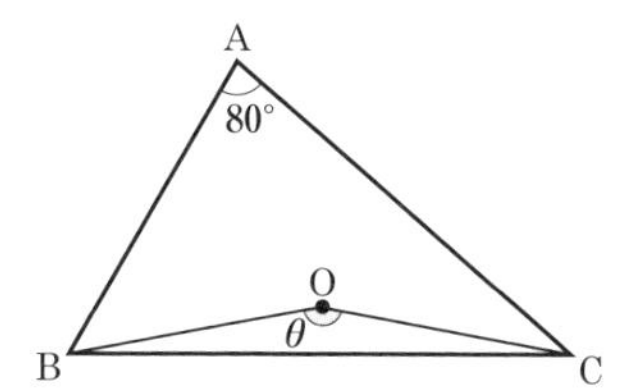

(3)

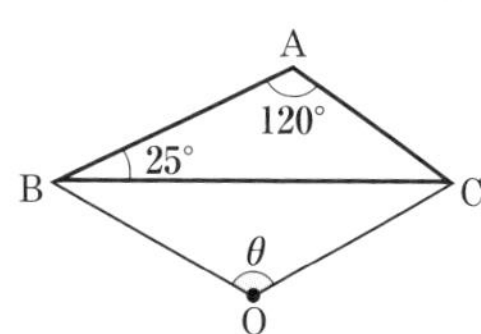

24 メネラウスの定理とチェバの定理

⇨教 p.80〜p.81

1 メネラウスの定理

△ABC の頂点を通らない直線 l が，辺 BC，CA，AB，またはその延長と交わる点をそれぞれ P，Q，R とするとき

$$\frac{BP}{PC}\cdot\frac{CQ}{QA}\cdot\frac{AR}{RB}=1$$

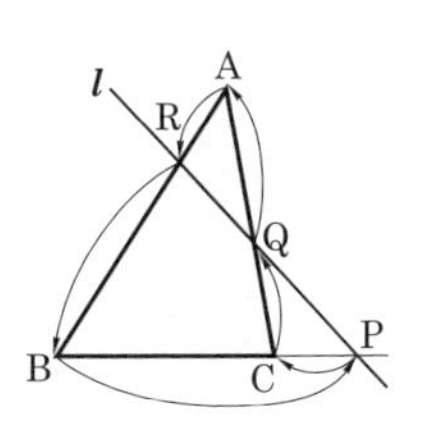

2 チェバの定理

△ABC の 3 辺 BC，CA，AB 上に，それぞれ点 P，Q，R があり，3 直線 AP，BQ，CR が 1 点 S で交わるとき

$$\frac{BP}{PC}\cdot\frac{CQ}{QA}\cdot\frac{AR}{RB}=1$$

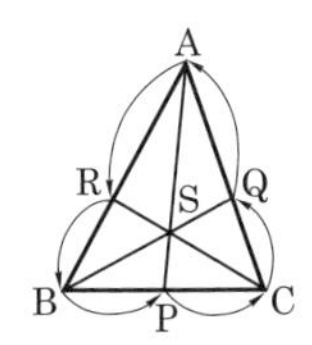

例 59

右の図の △ABC において，BP : PC を求めてみよう。

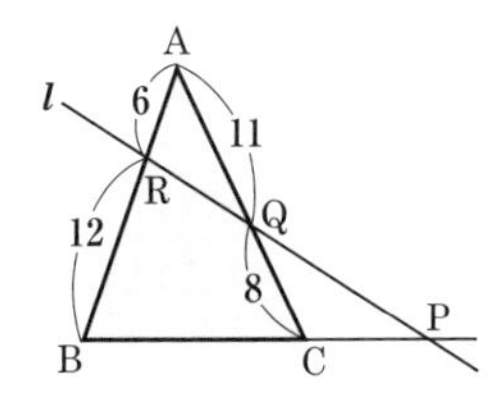

メネラウスの定理より $\frac{BP}{PC}\cdot\frac{CQ}{QA}\cdot\frac{AR}{RB}=1$

ゆえに $\frac{BP}{PC}\cdot\frac{8}{11}\cdot\frac{6}{12}=1$ よって $\frac{BP}{PC}=\frac{11}{4}$

したがって BP : PC = ア[ ] : イ[ ]

例 60

右の図の △ABC において，BP : PC を求めてみよう。

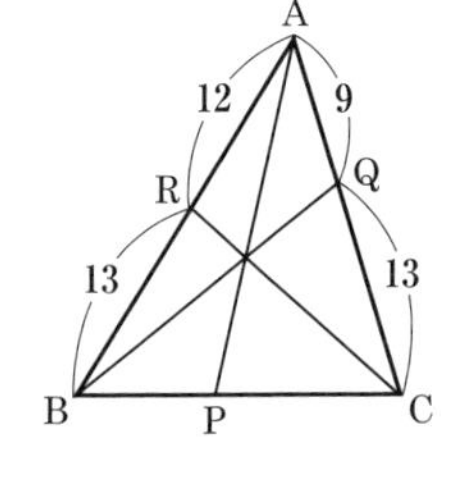

チェバの定理より $\frac{BP}{PC}\cdot\frac{CQ}{QA}\cdot\frac{AR}{RB}=1$

ゆえに $\frac{BP}{PC}\cdot\frac{13}{9}\cdot\frac{12}{13}=1$ よって $\frac{BP}{PC}=\frac{3}{4}$

したがって BP : PC = ア[ ] : イ[ ]

練 習 問 題

*68 右の図の △ABC において，BP : PC を求めよ。 

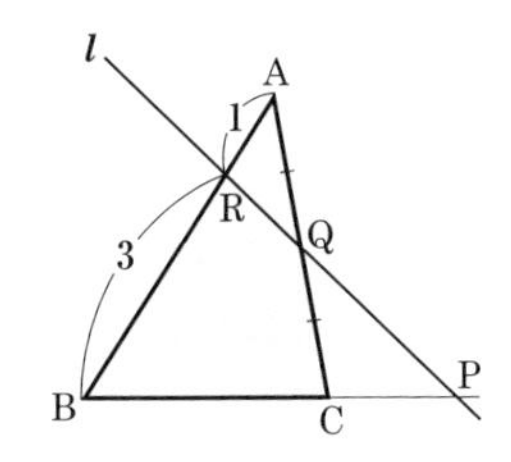

*69　右の図の △ABC において，AR : RB を求めよ。 

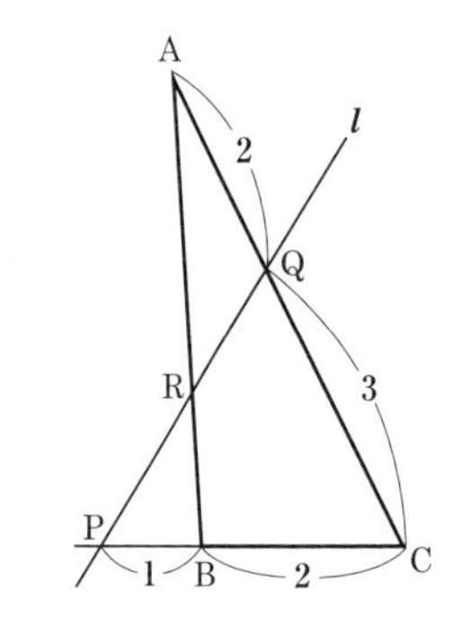

*70　右の図の △ABC において，AR : RB を求めよ。 

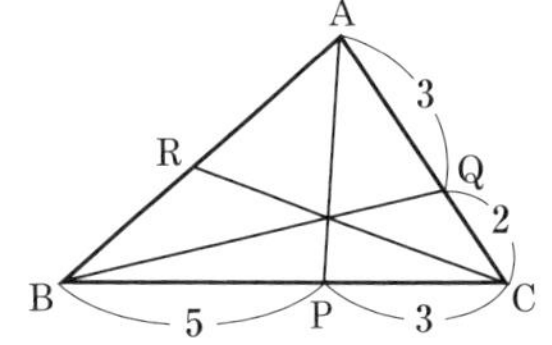

71　右の図の △ABC において，AF : FB = 2 : 3，AP : PD = 7 : 3 である。このとき，次の比を求めよ。 ◀例 59 例 60

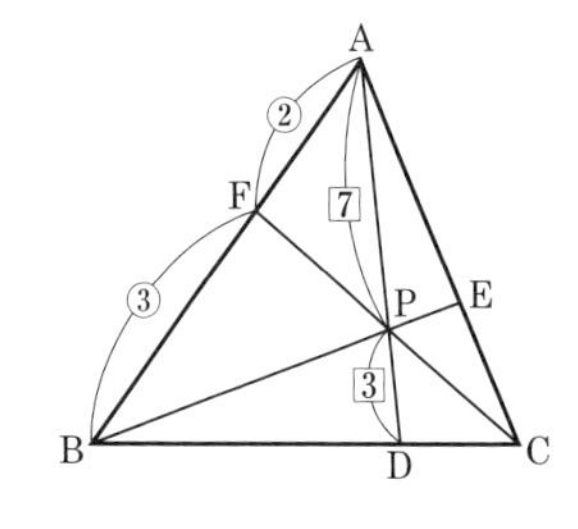

(1) BD : DC

(2) AE : EC

確　認　問　題　6

1　次の図において，DE // BC のとき，x，y を求めよ。

(1)

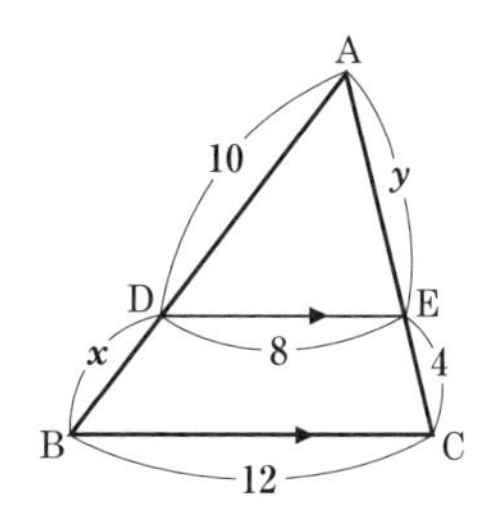

*(2)

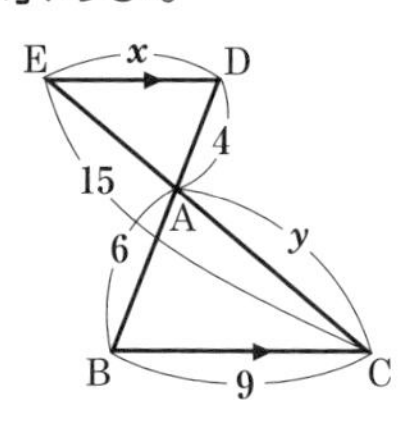

2　右の図のような四角形 ABCD において，∠B の二等分線と ∠D の二等分線が対角線 AC 上の点Eで交わるとき，次の問いに答えよ。

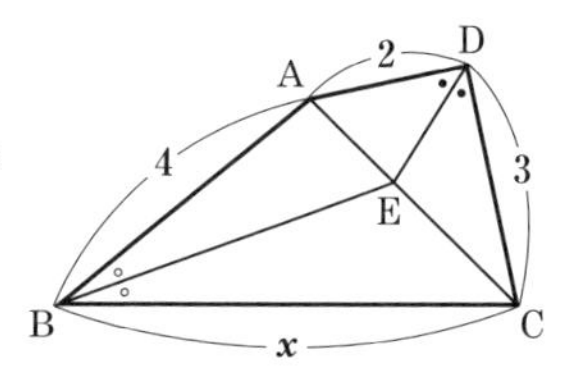

(1)　AE：EC を求めよ。

(2)　辺 BC の長さ x を求めよ。

3　右の図の △ABC において，AD が ∠A の内角の二等分線，AE が ∠A の外角の二等分線であるとき，次の線分の長さを求めよ。

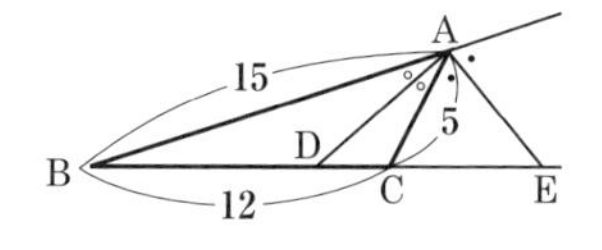

*(1)　BD

*(2)　CE

(3)　DE

4 右の図において，点 G は △ABC の重心であり，G を通る線分 PQ は辺 BC に平行である。AG = 8，BD = 6 のとき，GD，GQ の長さを求めよ。

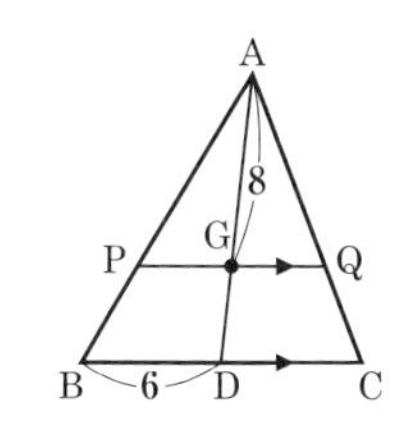

*5 次の図において，点 I は △ABC の内心，点 O は △ABC の外心である。このとき θ を求めよ。

(1)

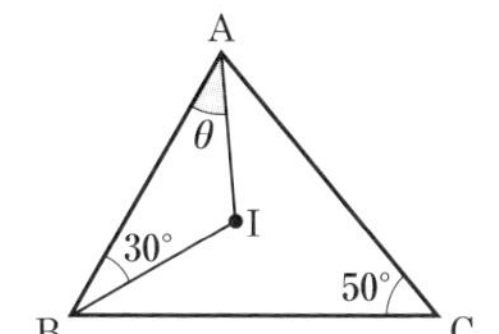

(2)

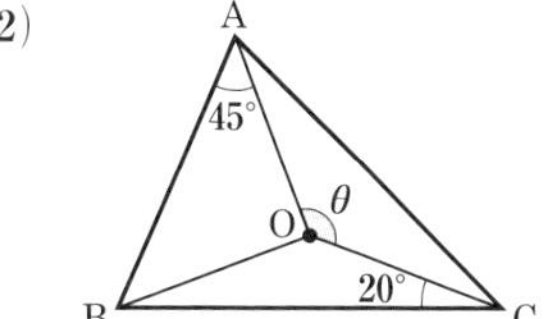

6 右の図の △ABC において，AF : FB = 3 : 4，AP : PD = 5 : 2 である。このとき，次の比を求めよ。

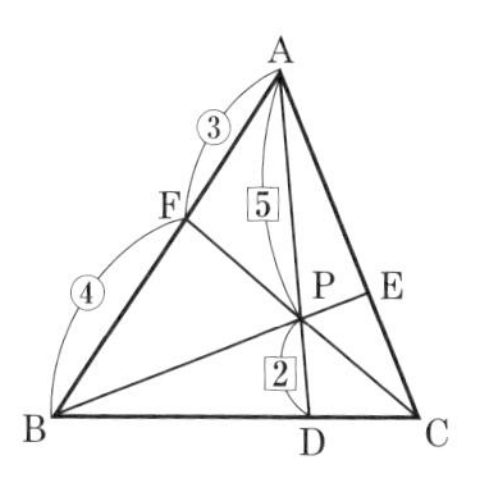

*(1) BD : DC

(2) AE : EC

25 円周角の定理とその逆

⇨教 p.86~p.89

1 円周角の定理

1つの弧に対する円周角の大きさは一定であり，その弧に対する中心角の大きさの半分である。⬅ $\angle \mathrm{APB} = \frac{1}{2}\angle \mathrm{AOB}$

とくに，半円周に対する円周角の大きさは 90° である。

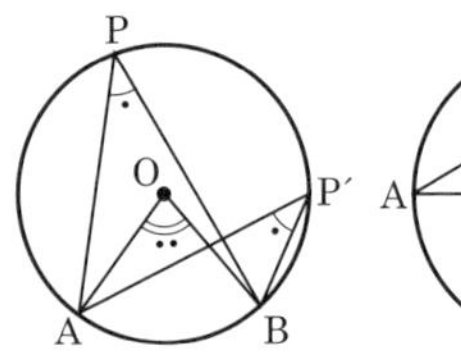

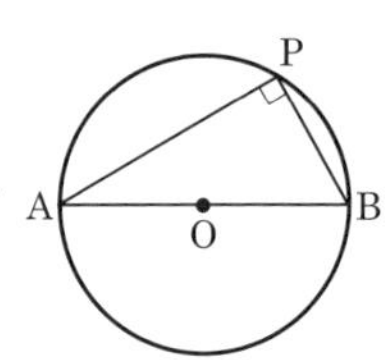

2 円周角の定理の逆

4点A，B，P，Qについて，P，Qが直線ABの同じ側にあって，

$$\angle \mathrm{APB} = \angle \mathrm{AQB}$$

が成り立つならば，この4点は同一円周上にある。

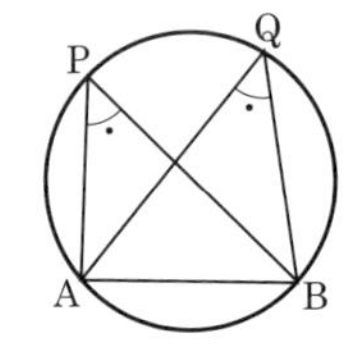

例 61 右の図において，点Oを円の中心とするとき，θ を求めてみよう。

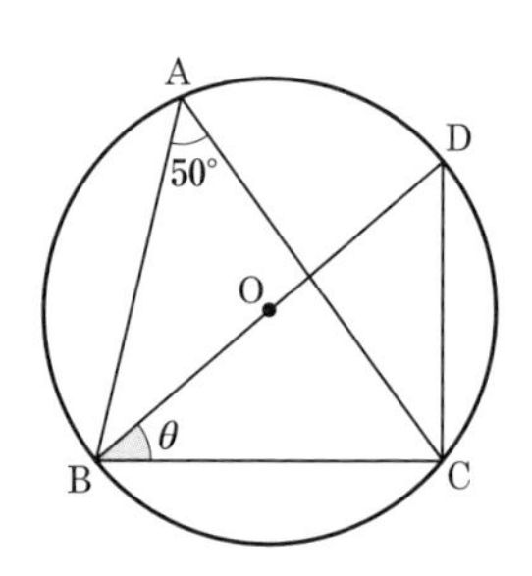

円周角の定理より

$\angle \mathrm{BDC} = \angle \mathrm{BAC} =$ ア［　　］

$\angle \mathrm{BCD}$ は半円周BDに対する円周角であるから

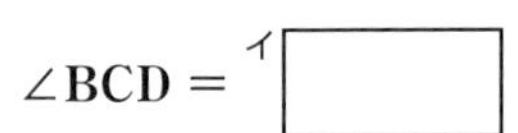

$\angle \mathrm{BCD} =$ イ［　　］

よって，$\triangle \mathrm{BCD}$ において，内角の和は 180° であるから

$\theta + \angle \mathrm{BDC} + \angle \mathrm{BCD} = 180^\circ$ より　$\theta + 50^\circ + 90^\circ = 180^\circ$

したがって　$\theta =$ ウ［　　］

例 62 右の図の4点A，B，C，Dが同一円周上にあるかどうかを調べてみよう。

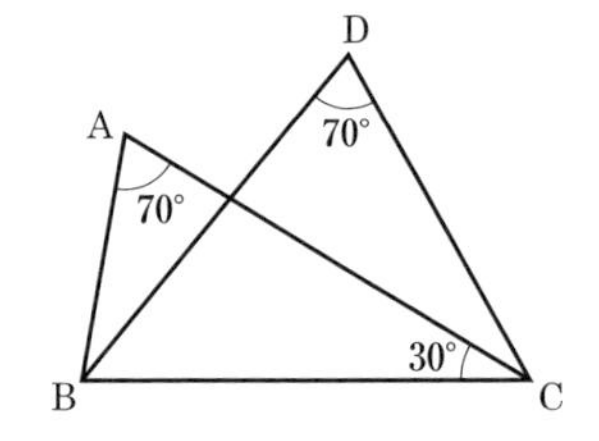

2点A，Dが直線BCについて同じ側にあり，

$\angle \mathrm{BAC} = \angle$ ア［　　］

であるから，円周角の定理の逆により，4点A，B，C，Dは同一円周上にある。

練習問題

72 次の図において，θ を求めよ。ただし，点 O は円の中心である。 ◀例 61

(1)

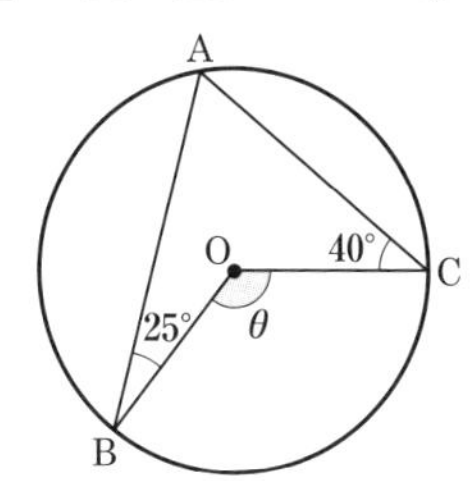

*(2)

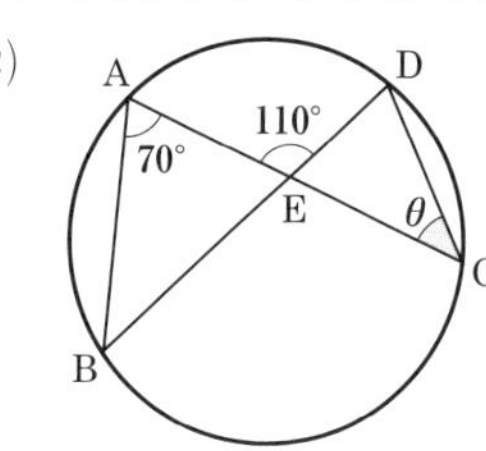

(3)

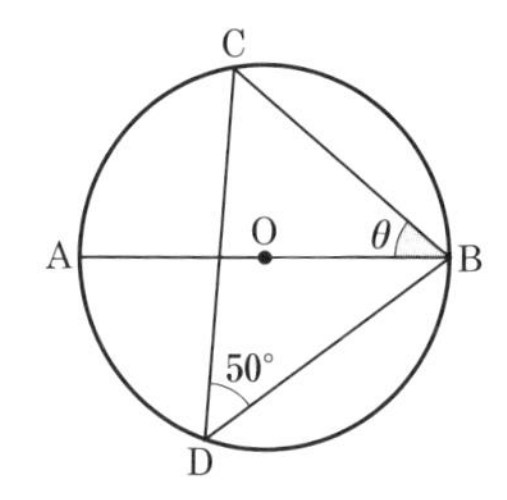

*(4)

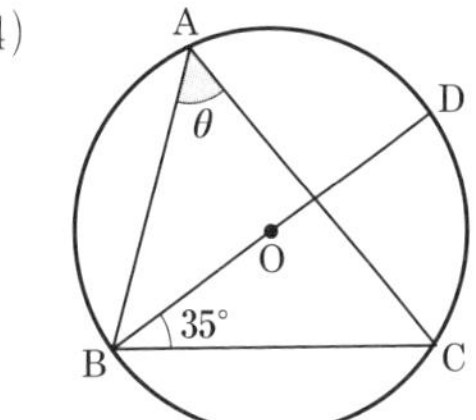

73 次の図の 4 点 A，B，C，D が同一円周上にあるかどうかを調べよ。 ◀例 62

(1)

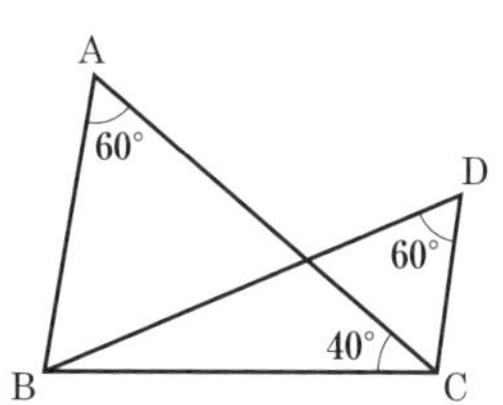

*(2)

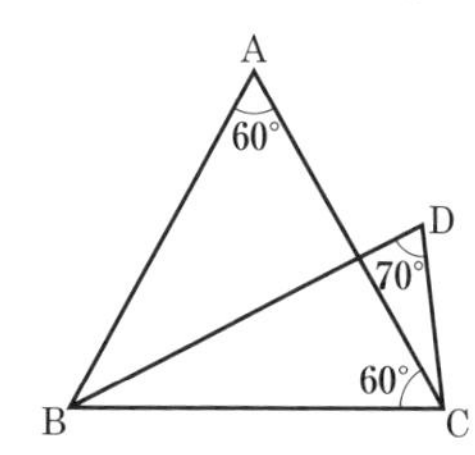

26 円に内接する四角形

⇨教 p.86～p.89

1 円に内接する四角形

四角形が円に内接するとき，次の性質が成り立つ。

(1) 向かい合う内角の和は 180°

(2) 1つの内角は，それに向かい合う内角の外角に等しい

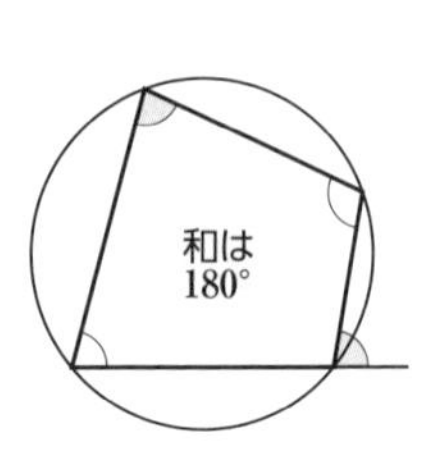

2 四角形が円に内接する条件

次の(1)，(2)のいずれかが成り立つ四角形は，円に内接する。

(1) 向かい合う内角の和が 180°

(2) 1つの内角が，それに向かい合う内角の外角に等しい

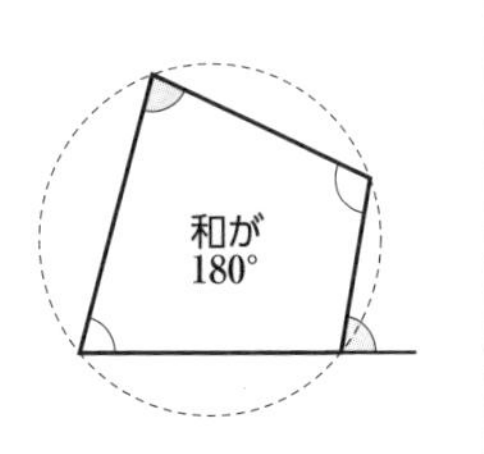

例 63 右の図において，四角形 ABCD は円 O に内接している。

このとき，α，β を求めてみよう。

円に内接する四角形の性質から，向かい合う内角の和は 180° である。

よって

$\alpha = 180° - \angle ABC$

$= 180° - 60° =$ ア［　　］

また，∠BAD は ∠BCD の外角に等しいから

$\beta = \angle BAD$

$=$ イ［　　］

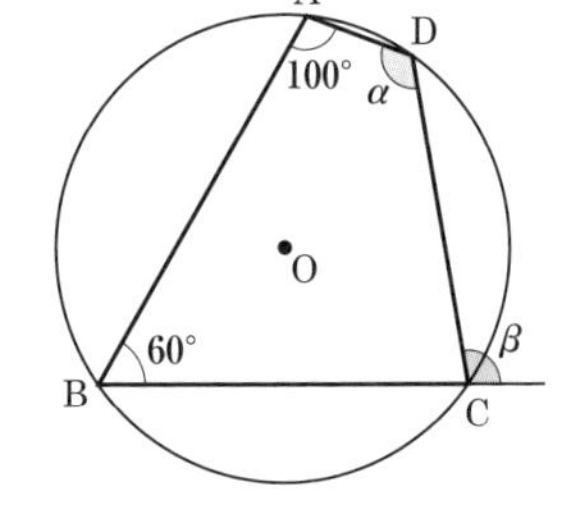

例 64 右の四角形 ABCD が円に内接するか調べてみよう。

△ACD において，内角の和は 180° であるから

$30° + 50° + \angle D = 180°$

より

$\angle D =$ ア［　　］

よって

$\angle B + \angle D = 80° +$ ア［　　］ $=$ イ［　　］

向かい合う内角の和が 180° であるから，四角形 ABCD は円に内接する。

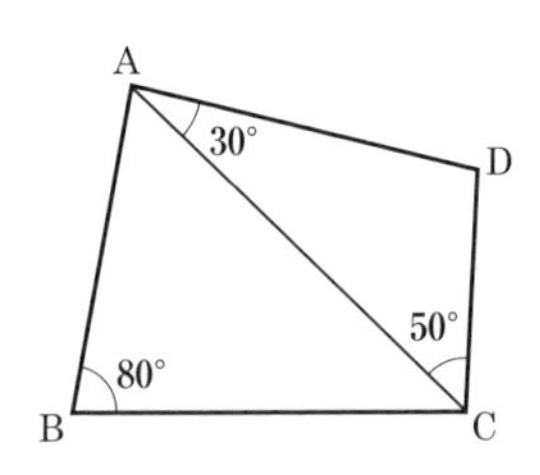

練　習　問　題

74　次の図において，四角形 ABCD は円 O に内接している。このとき，α，β を求めよ。

◀例 63

*(1)

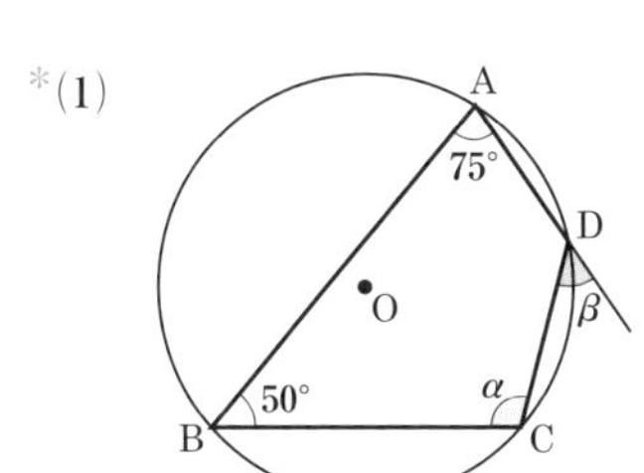

(2)

(3) の図は次の通り。

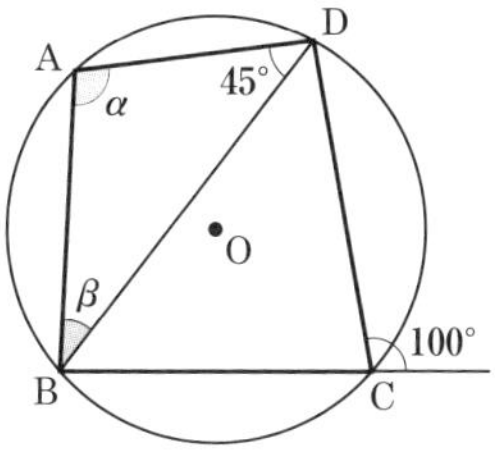

*(3)

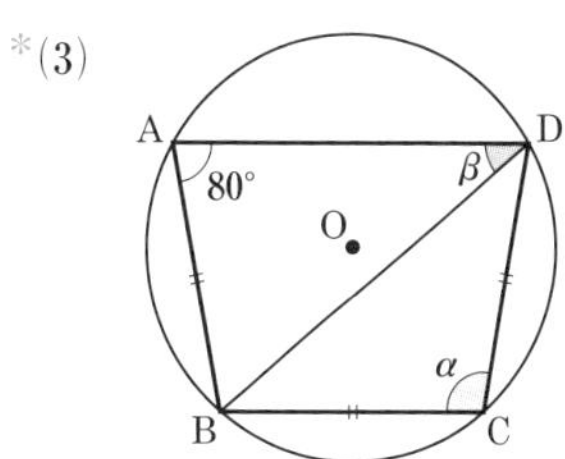

75　次の図において，四角形 ABCD は円 O に内接している。このとき，θ を求めよ。

◀例 63

*(1)

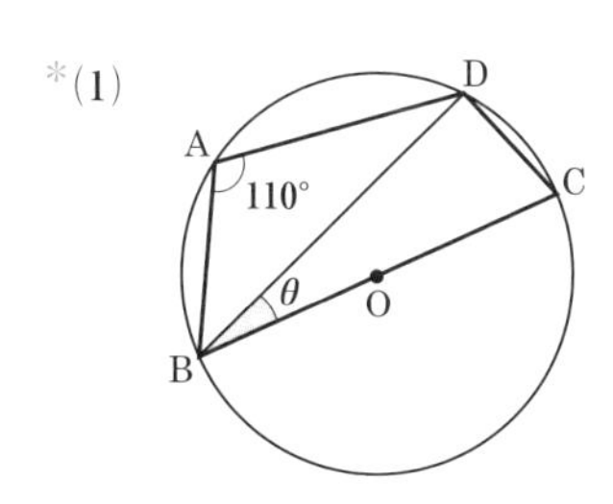

(2)

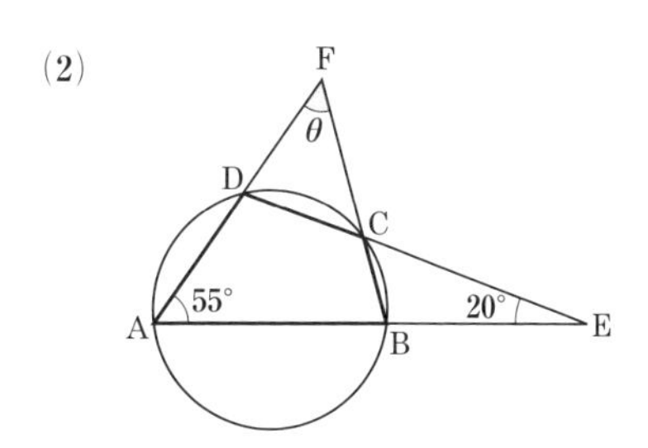

***76**　次の四角形 ABCD のうち，円に内接するものはどれか答えよ。　◀例 64

(ア)

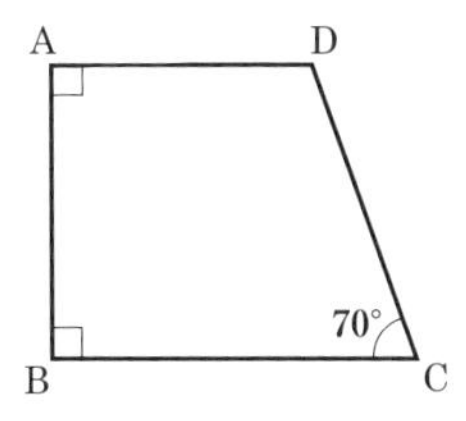

(イ)

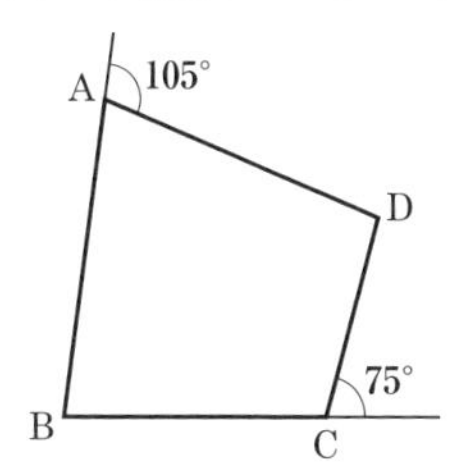

(ウ)

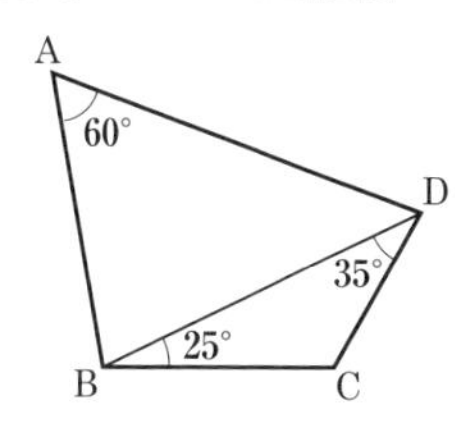

27 円の接線

⇨教 p.90〜p.91

1 円の接線

(1) 円の接線は，接点を通る半径に垂直である。

(2) 円の外部の1点からその円に引いた2本の接線の長さは等しい。

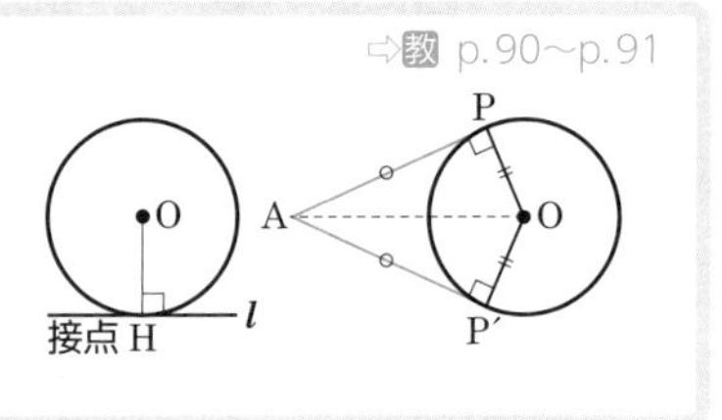

例 65 右の図において，△ABC の内接円 O と辺 BC，CA，AB との接点を，それぞれ P，Q，R とする。このとき，辺 AB の長さを求めてみよう。

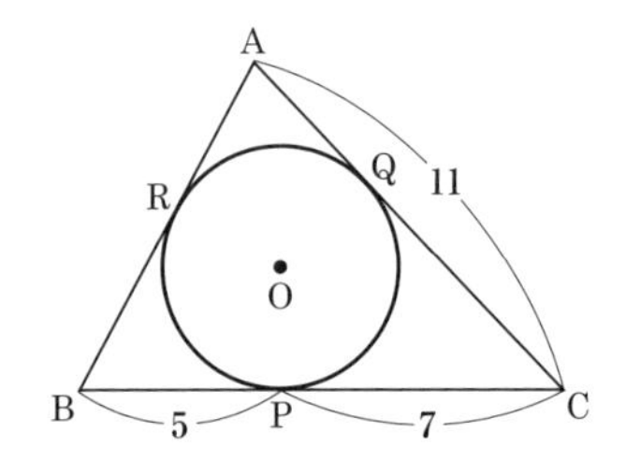

BR ＝ BP より　　BR ＝ 5

CQ ＝ CP より　　CQ ＝ 7

ゆえに　　AQ ＝ AC − CQ ＝ 4

AR ＝ AQ より　　AR ＝ ア［　　］

よって　　AB ＝ AR ＋ RB ＝ イ［　　］

例 66 AB ＝ 5，BC ＝ 8，CA ＝ 7 である △ABC の内接円 O と辺 BC，CA，AB との接点を，それぞれ P，Q，R とする。このとき，BP の長さを求めてみよう。

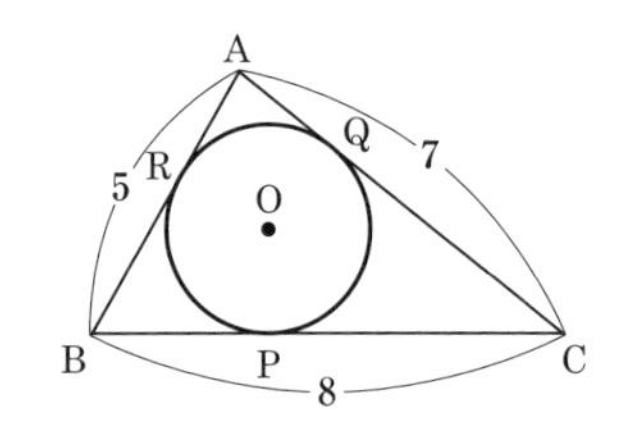

BP ＝ x とすると　　BR ＝ BP，AB ＝ 5

より　AR ＝ AB − BR ＝ ア［　　］− x

よって，AQ ＝ AR より　AQ ＝ ア［　　］− x

また，BC ＝ 8 より

CP ＝ BC − BP ＝ イ［　　］− x

よって，CQ ＝ CP より　CQ ＝ イ［　　］− x

ここで，AQ ＋ CQ ＝ CA，CA ＝ 7 であるから

$(5-x)+(8-x)=7$

ゆえに　　$x=3$

したがって　　BP ＝ ウ［　　］

練習問題

77 次の図において，△ABC の内接円 O と辺 BC，CA，AB との接点を，それぞれ P，Q，R とする。このとき，辺 AB の長さを求めよ。 ◀例 65

(1)

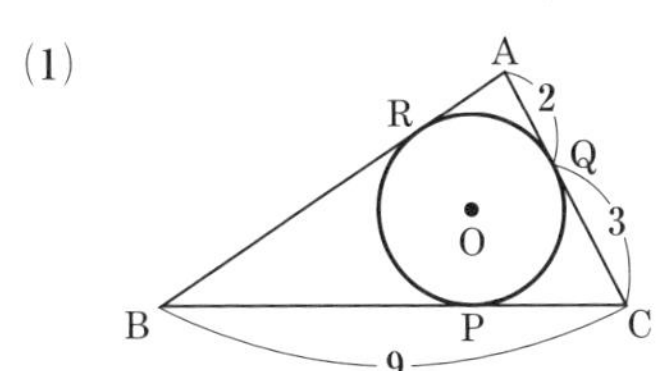

(2)

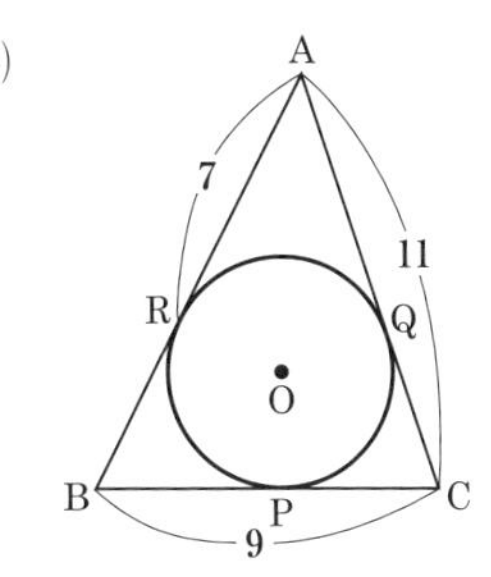

78 AB = 13，BC = 8，CA = 9 である △ABC の内接円 O と辺 BC，CA，AB との接点を，それぞれ P，Q，R とする。このとき，BP の長さを求めよ。 ◀例 66

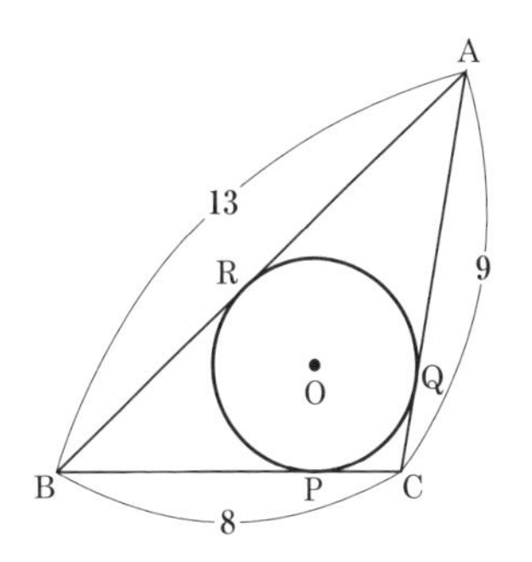

28 接線と弦のつくる角

⇨教 p.92〜p.93

1 接線と弦のつくる角（接弦定理）

円の接線 AT と接点 A を通る弦 AB のつくる角は，
その角の内部にある弧 AB に対する円周角に等しい。
すなわち　$\angle TAB = \angle ACB$

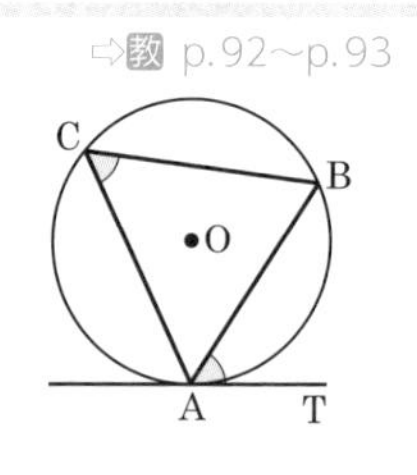

例 67　右の図において，AT は円 O の接線，A は接点である。
このとき，θ を求めてみよう。

接線と弦のつくる角の性質より

$\angle BAT = \angle ACB = 70^\circ$

よって　$\theta = 180 - \angle BAT = 180 - 70^\circ =$ ア□

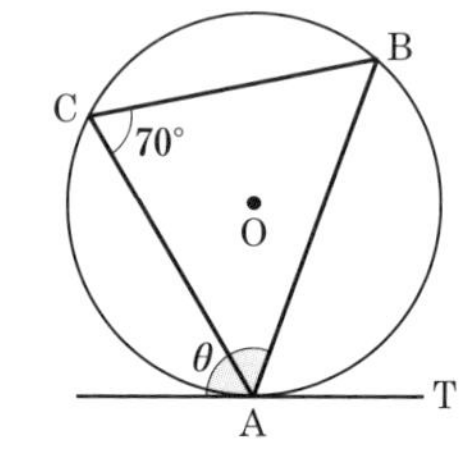

例 68　右の図において，PT は円 O の接線，A は接点である。
また，BC は円 O の直径である。このとき，α，β を求めてみよう。

接線と弦のつくる角の性質より

$\angle ABC = \angle CAT = 60^\circ$

BC は直径であるから

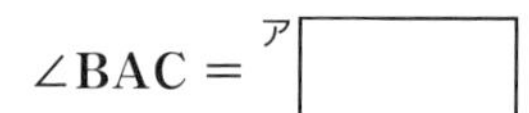

$\angle BAC =$ ア□

ここで，△ABC において　$\angle BAC + \angle ABC + \alpha = 180^\circ$

すなわち　$90^\circ + 60^\circ + \alpha = 180^\circ$

よって　$\alpha =$ イ□

また，△PAC において，内角と外角の関係より　$\beta + \alpha = 60^\circ$

したがって　$\beta =$ ウ□

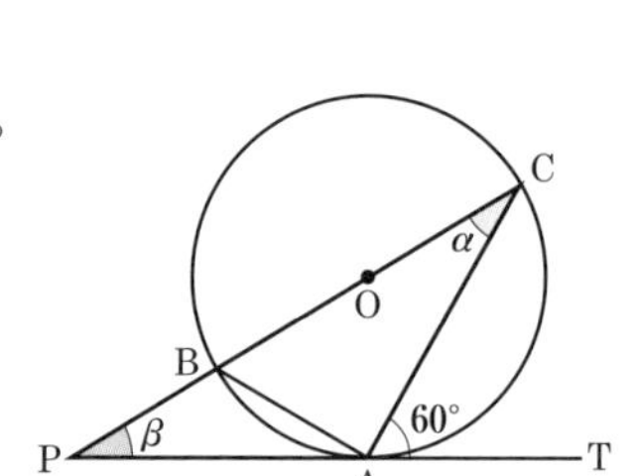

練　習　問　題

79 次の図において，AT は円 O の接線，A は接点である。このとき，θ を求めよ。

◀ 例 67

*(1)

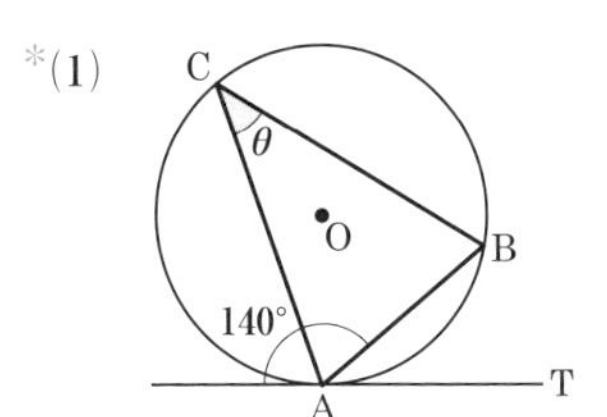

(2)

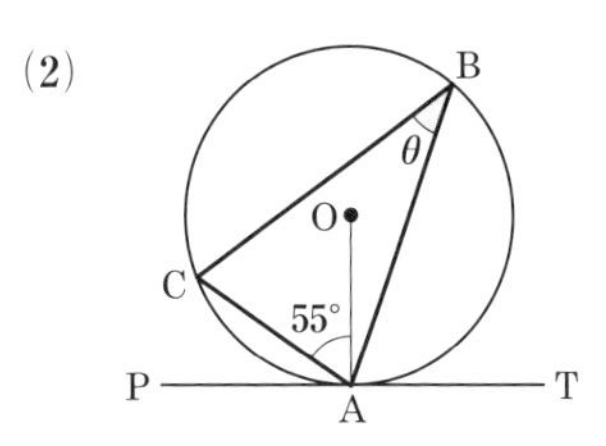

80 次の図において，AT は円 O の接線，A は接点である。このとき，θ を求めよ。

◀ 例 68

*(1)

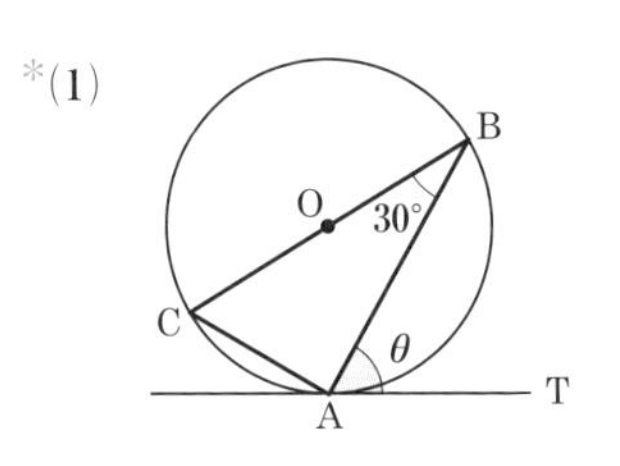

(2)

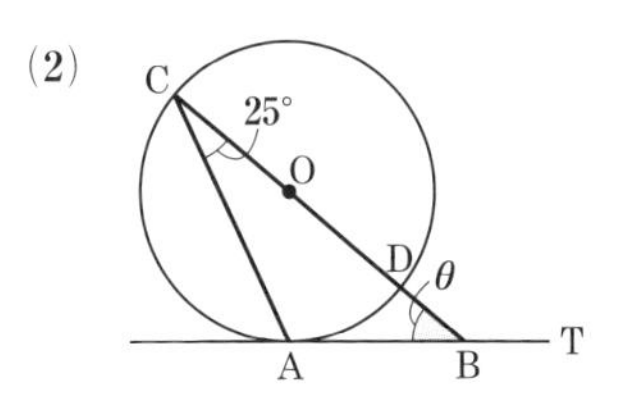

29 方べきの定理

⇨教 p.94〜p.95

1 方べきの定理 (1)

円の 2 つの弦 AB，CD の交点，または，それらの延長の交点を P とするとき

$PA \cdot PB = PC \cdot PD$

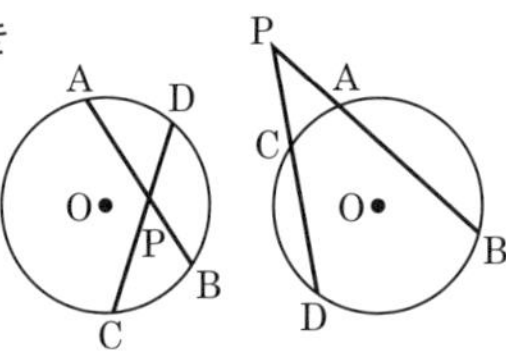

2 方べきの定理 (2)

円の弦 AB の延長と円周上の点 T における接線が点 P で交わるとき

$PA \cdot PB = PT^2$

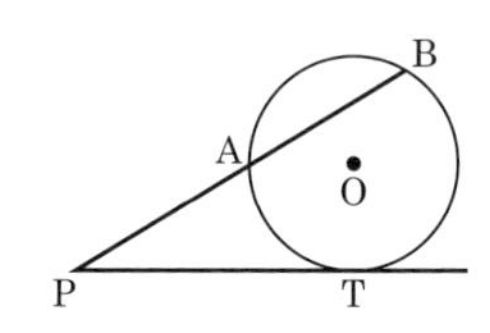

例 69 次の図において，x を求めてみよう。

(1) $PA \cdot PB = PC \cdot PD$ より

$4 \cdot x = 5 \cdot 8$

よって　$x =$ ア［　　］

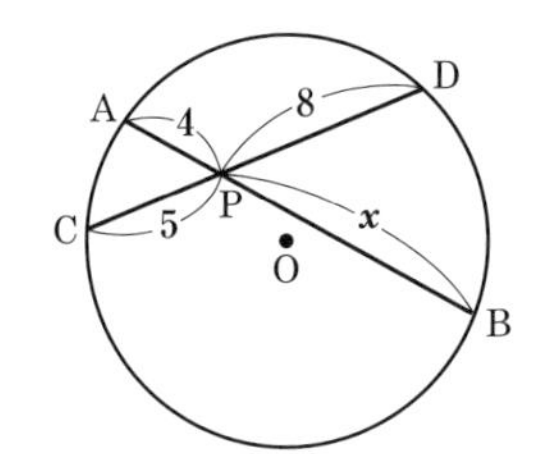

(2) $PA \cdot PB = PC \cdot PD$ より

$4 \cdot (4 + x) = 5 \cdot (5 + 7)$

$4x + 16 = 60$

$4x = 44$

よって　$x =$ イ［　　］

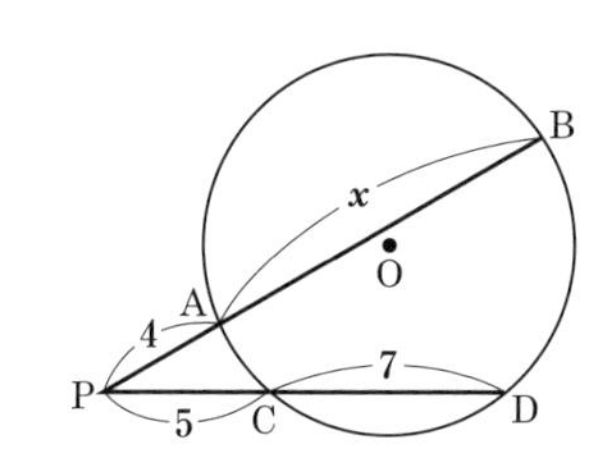

例 70 右の図で，PT が円 O の接線，T が接点であるとき，x を求めてみよう。

$PA \cdot PB = PT^2$ より

$4 \cdot (4 + 5) = x^2$

$x^2 = 36$

$x > 0$ より　$x =$ ア［　　］

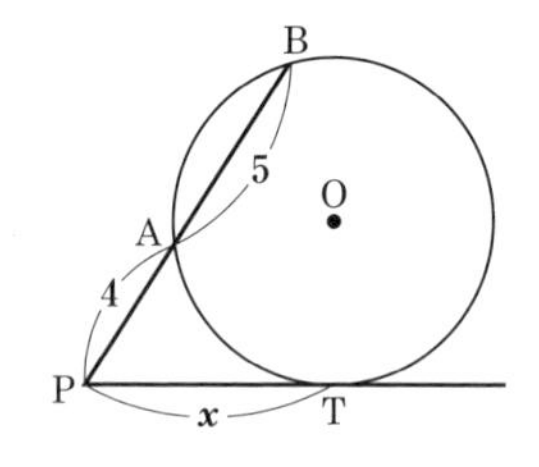

練　習　問　題

＊81　次の図において，x を求めよ。　◀例 69

(1)

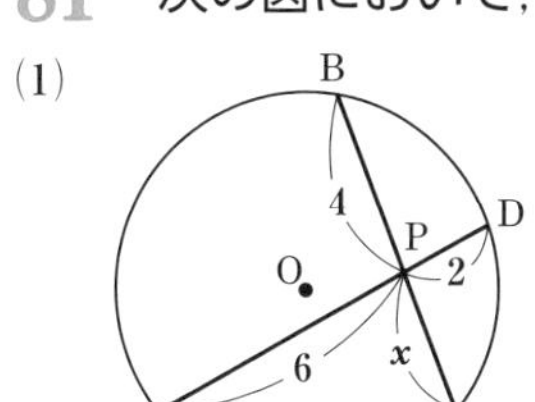

(2)

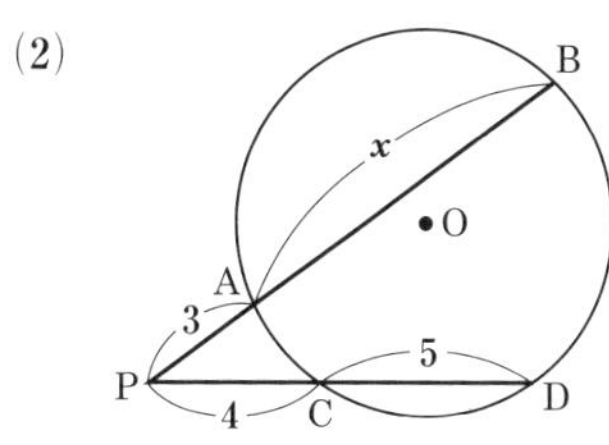

82　次の図で，PT が円 O の接線，T が接点であるとき，x を求めよ。　◀例 70

＊(1)

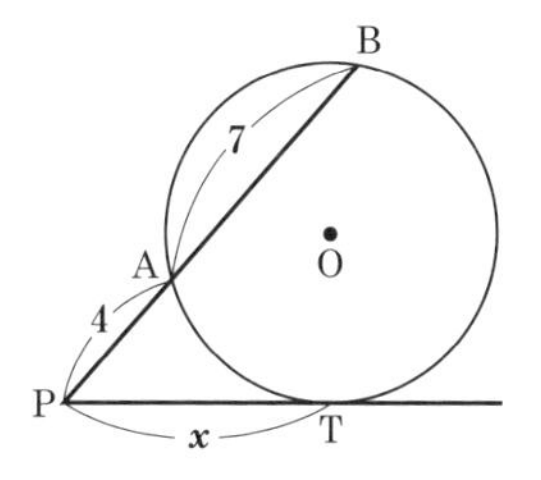

＊(2)

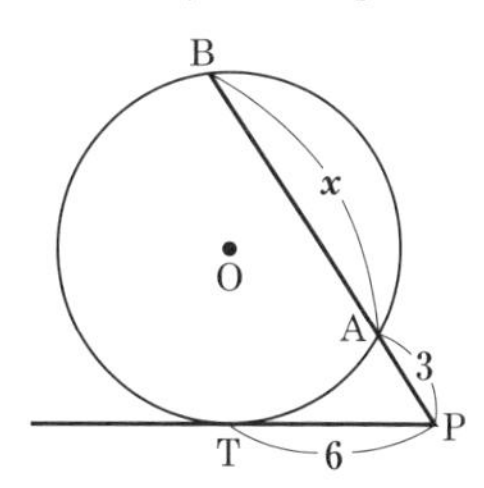

(3)

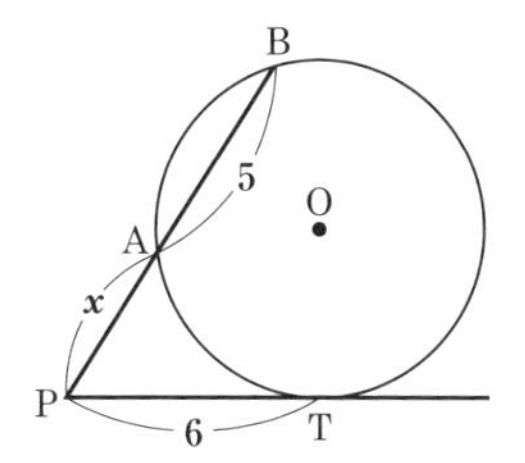

(4)

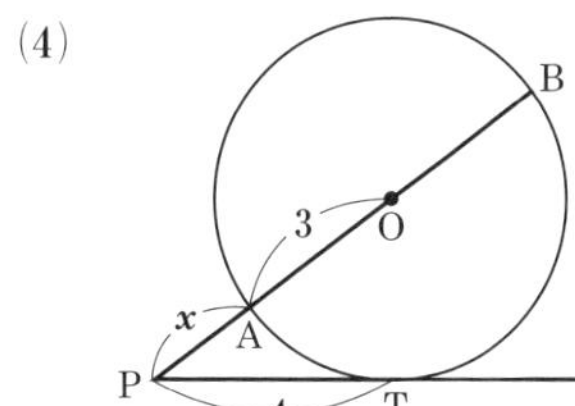

30 2つの円

⇨教 p.96〜p.97

1 2つの円の位置関係

2つの円の半径を r，r' $(r > r')$，中心間の距離を d とするとき，その位置関係は次の5つの場合に分類される。

離れている	外接する	2点で交わる	内接する	内側にある
$d > r + r'$	$d = r + r'$	$r - r' < d < r + r'$	$d = r - r'$	$d < r - r'$

2 2つの円の共通接線

2つの円の共通接線は，次のようになる。

① 離れているとき

O　O′

4本

② 外接するとき

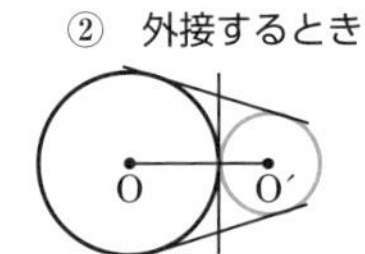

③ 2点で交わるとき

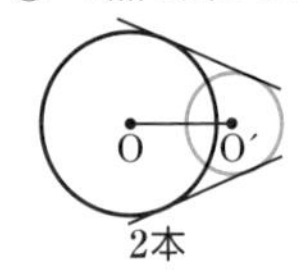

④ 内接するとき

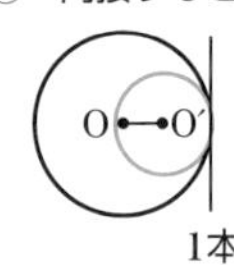

⑤ 内側にあるとき

例 71 半径が7と3の2つの円がある。2つの円が外接するときの中心間の距離 d，内接するときの中心間の距離 d' をそれぞれ求めてみよう。

2つの円が外接するとき

$$d = 7 + 3 = {}^{ア}\boxed{}$$

2つの円が内接するとき

$$d' = 7 - 3 = {}^{イ}\boxed{}$$

例 72 右の図において，AB は円 O，O′ の共通接線で，A，B は接点である。このとき，線分 AB の長さを求めてみよう。

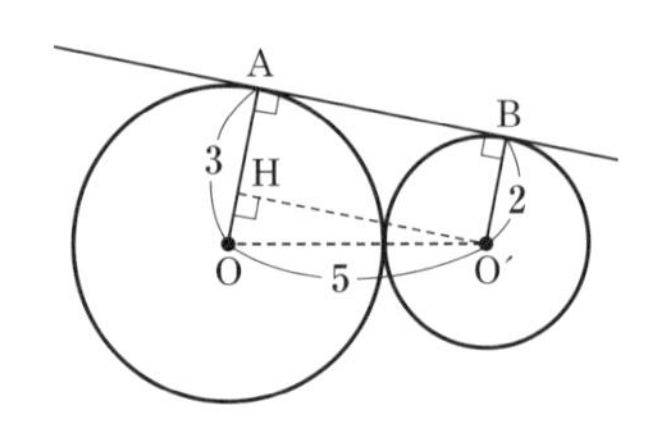

点 O′ から線分 OA に垂線 O′H をおろすと

$$\mathrm{OH} = \mathrm{OA} - \mathrm{O'B} = 3 - 2 = 1$$

△OO′H は，直角三角形であるから

$$\mathrm{AB} = \mathrm{O'H} = \sqrt{5^2 - 1^2}$$

$$= \sqrt{24} = {}^{ア}\boxed{}$$

練習問題

*83　半径が r と 5 の 2 つの円がある。2 つの円は中心間の距離が 8 のときに外接する。2 つの円が内接するときの中心間の距離を求めよ。　◀例 71

*84　円 O，O′ の半径がそれぞれ 7，4 であり，中心 O と O′ の距離が次のような場合，2 つの円の位置関係を答えよ。また，共通接線は何本あるか。

(1)　13　　(2)　11　　(3)　6

*85　次の図において，AB は円 O，O′ の共通接線で，A，B は接点である。このとき，線分 AB の長さを求めよ。　◀例 72

(1)

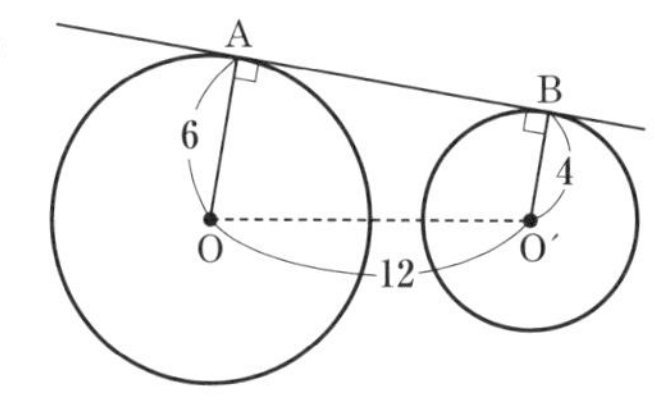

(2)

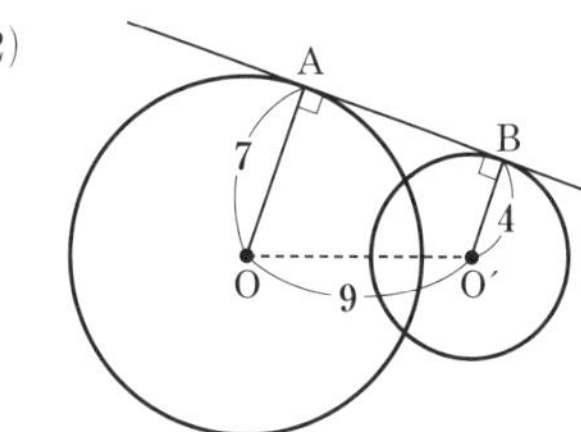

確認問題 7

1 次の図において，四角形 ABCD は円 O に内接している。このとき，α，β を求めよ。

*(1)

(2)

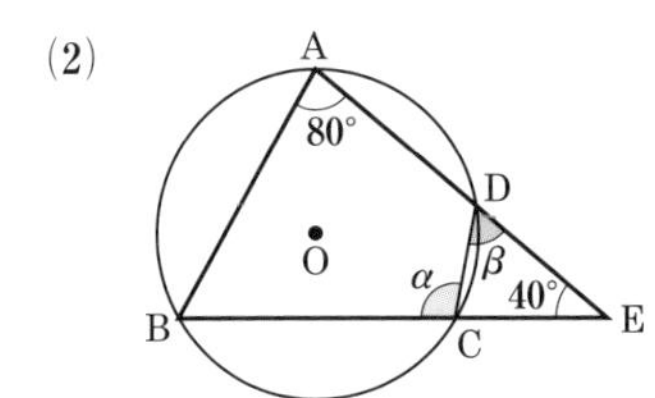

(3)

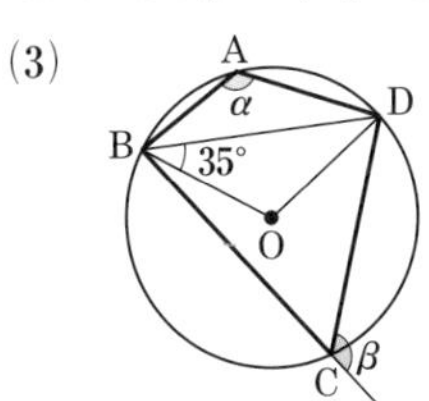

*2 右の図において，△ABC の内接円 O と辺 BC，CA，AB との接点を，それぞれ P，Q，R とする。このとき，辺 AB の長さを求めよ。

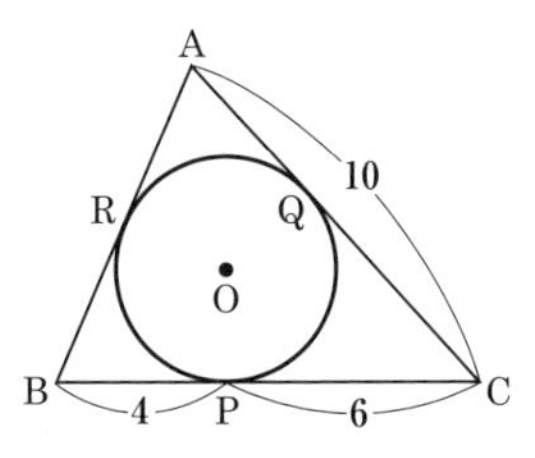

3 AB = 6，BC = 8，CA = 7 である △ABC の内接円 O と辺 BC，CA，AB との接点を，それぞれ P，Q，R とする。このとき，AR の長さを求めよ。

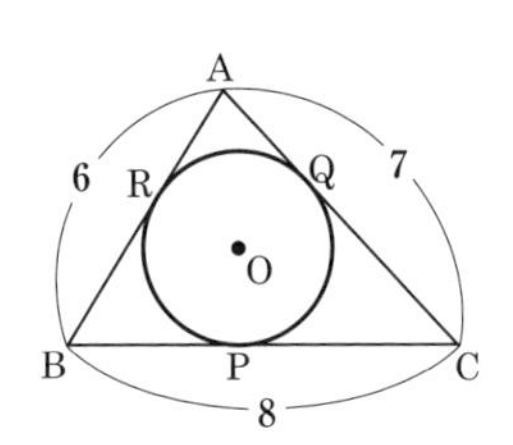

4 次の図において，AT は円 O の接線，A は接点である。このとき，θ を求めよ。

*(1)

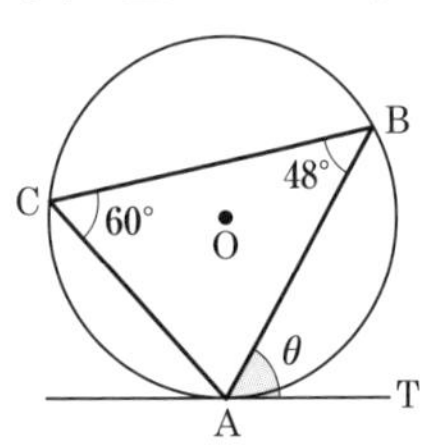

(2)

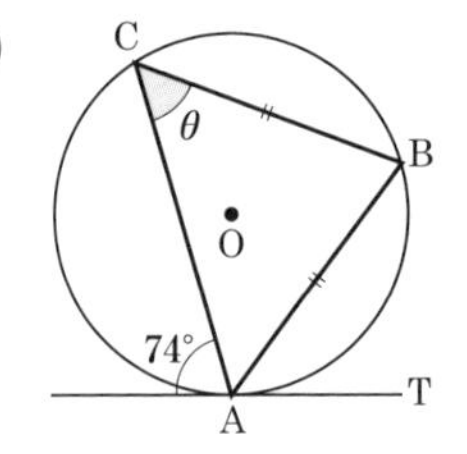

*(3)

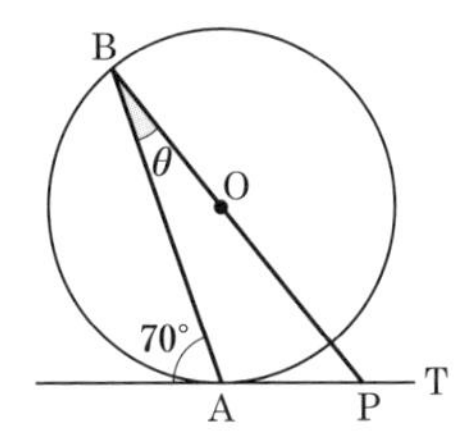

5 次の図において，AT は円 O の接線，A は接点である。α，β を求めよ。

*(1)

(2)

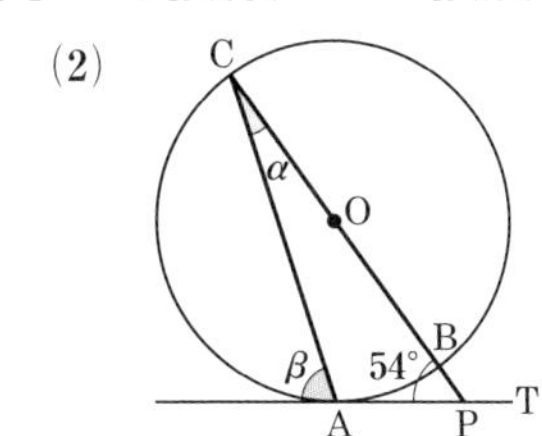

*(3)

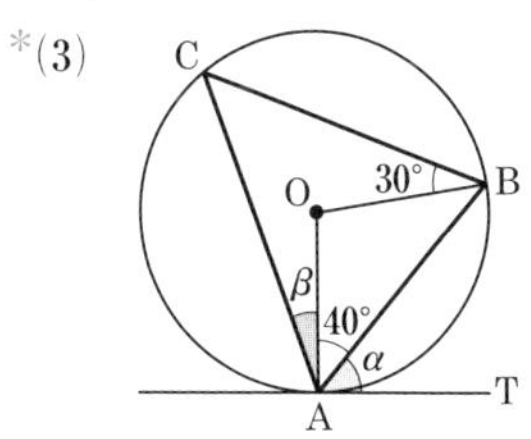

6 次の図において，x を求めよ。ただし，O は円の中心，(3)の PT は円 O の接線，T は接点である。

*(1)

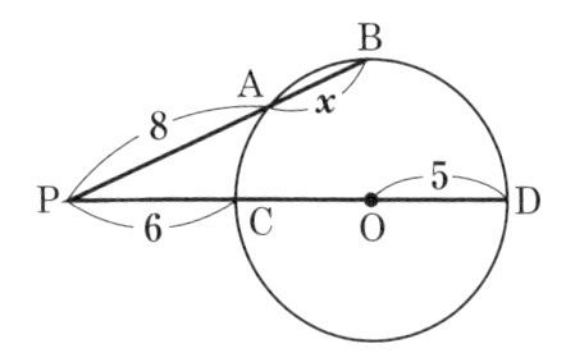

(2)

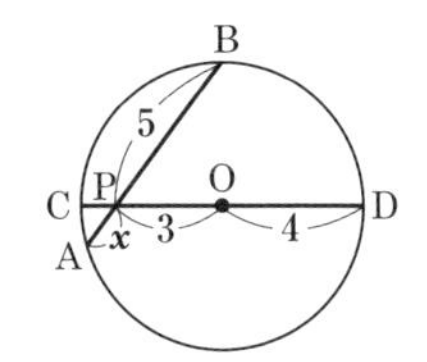

*(3)

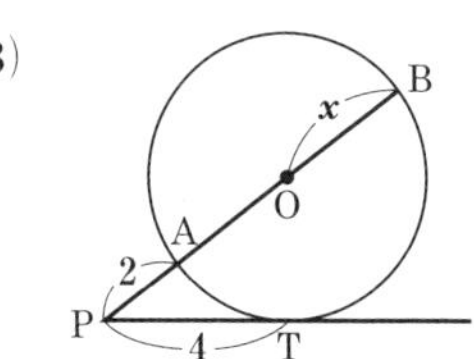

***7** 右の図において，AB は円 O，O′ の共通接線で，A，B は接点である。このとき，線分 AB の長さを求めよ。

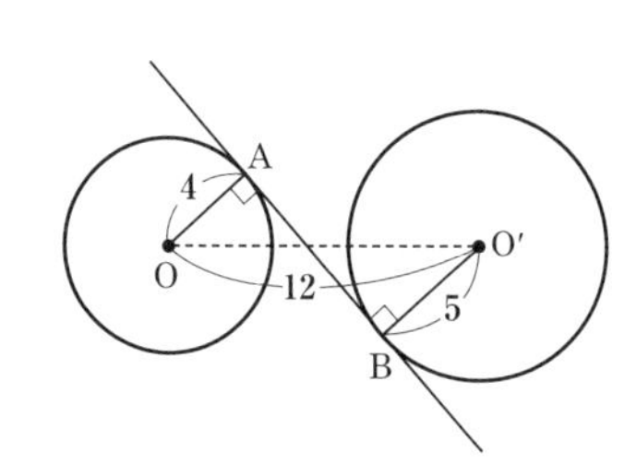

31 作図

⇨教 p.99〜p.102

1 内分する点，外分する点の作図

(1) 線分 AB を $2:1$ に内分する点 P の作図

① 点 A を通る直線 l を引き，等間隔に 3 個の点 C_1，C_2，C_3 をとる。

② 線分 C_3B と平行に点 C_2 を通る直線を引き，線分 AB との交点を P とすれば，点 P は線分 AB を $2:1$ に内分する。

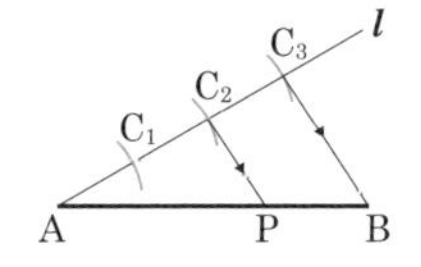

(2) 線分 AB を $4:1$ に外分する点 Q の作図

① 点 A を通る直線 l を引き，等間隔に 4 個の点 D_1，D_2，D_3，D_4 をとる。

② 線分 D_3B と平行に点 D_4 を通る直線を引き，線分 AB の延長との交点を Q とすれば，点 Q は線分 AB を $4:1$ に外分する。

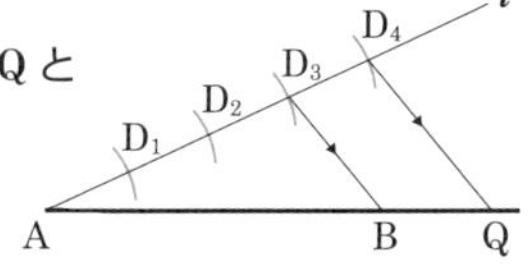

2 長さ $\sqrt{a}$ の線分の作図

① 3 点 A，B，C を $AB=1$，$BC=a$ となるように同一直線上にとる。

② 線分 AC の中点 O を求め，OA を半径とする円をかく。

③ 点 B を通り AC に垂直な直線を引き，円 O との交点を D，D′ とする。このとき，線分 BD の長さが $\sqrt{a}$ である。

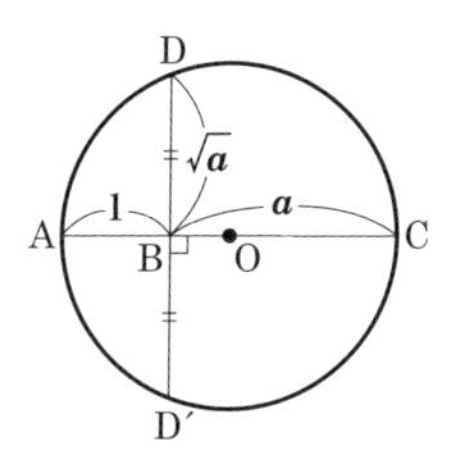

例 73

線分 AB を $3:2$ に内分する点 P を作図してみよう。

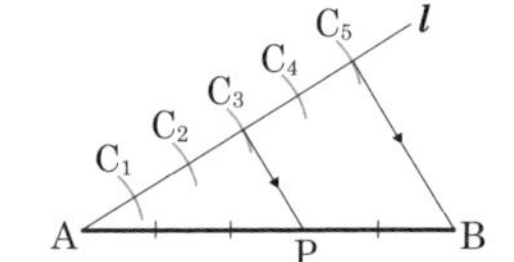

① 点 A を通る直線 l を引き，等間隔に 5 個の点 C_1，C_2，C_3，C_4，C_5 をとる。

② 線分 C_5B と平行に点 C_3 を通る直線を引き，線分 AB との交点を P とすれば，

$$AP:PB=AC_3:\ ^{ア}\boxed{}$$

よって，点 P は線分 AB を $3:2$ に内分する点である。

練習問題

*86　下の図の長さ 1 の線分を用いて，長さ $\frac{3}{4}$ の線分を作図せよ。 ◀例 73

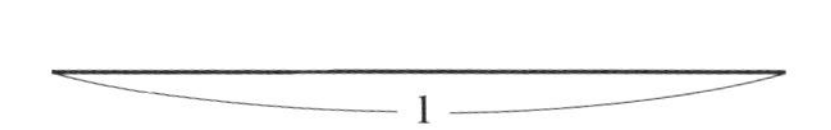

*87　下の図において，線分 OX 上の点 P に接する円のうち，線分 OY にも接する円を作図せよ。

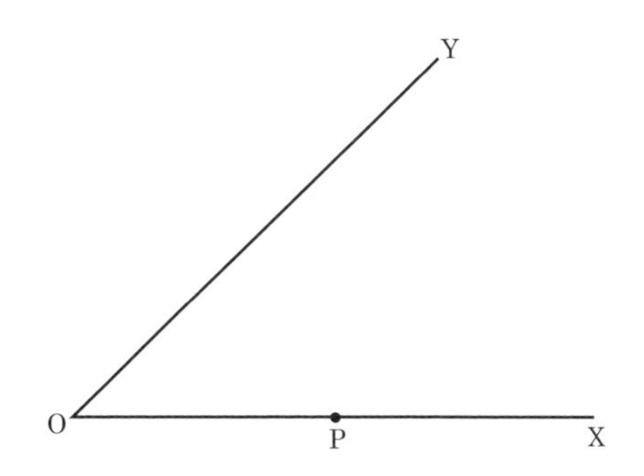

*88　下の図の長さ 1 の線分を用いて，長さ $\sqrt{3}$ の線分を作図せよ。

32 空間における直線と平面

⇨教 p.104~p.107

1 2直線の位置関係

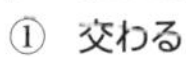

③ ねじれの位置にある

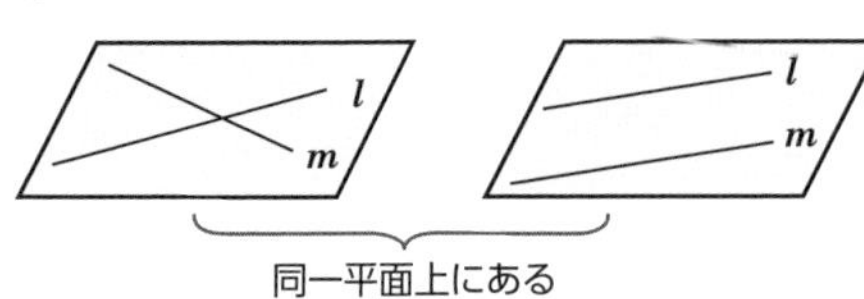

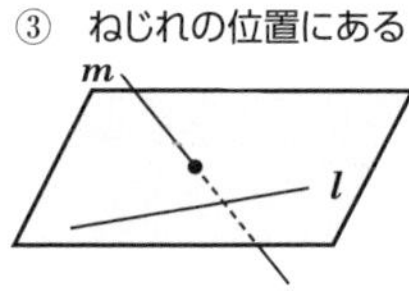

2 2直線のなす角

2直線 l，m に対し，任意の点O を通り，l，m に平行な直線 l'，m' を引くと，l'，m' のなす角は点O のとり方に関係なく一定である。この角を 2直線 l，m のなす角 という。

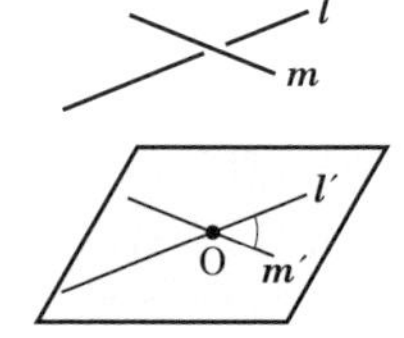

3 2平面のなす角

2平面 α，β が交わるとき，交線上の点O を通って，交線に垂直な直線OA，OB をそれぞれ平面 α，β 上に引く。このとき，OA，OB のなす角を，2平面 α，β のなす角 という。

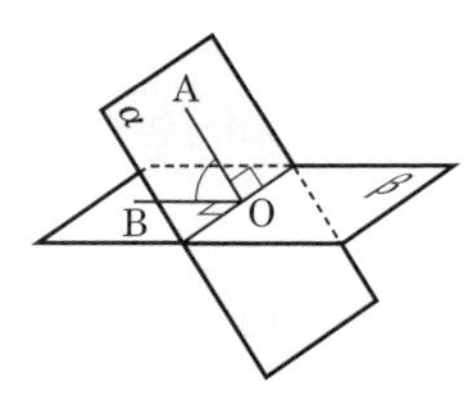

4 直線と平面の位置関係

① 平行である　② 1点で交わる　③ 直線が平面上にある

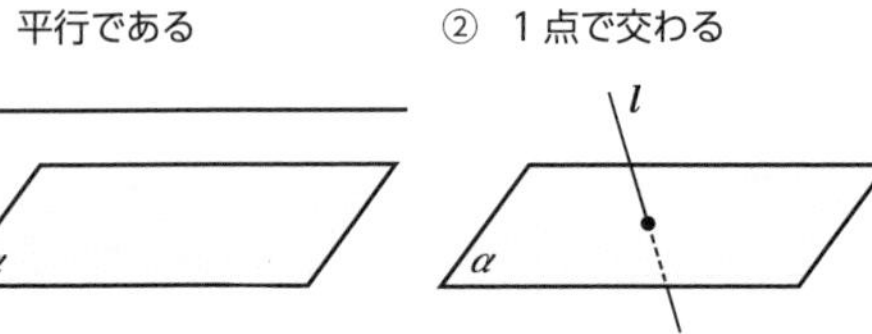

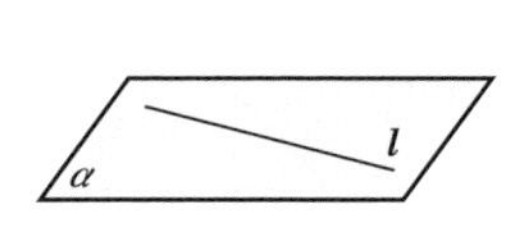

直線 l が平面 α 上のすべての直線と垂直であるとき，l と α は垂直 であるといい，$l \perp \alpha$ と書く。

直線 l が平面 α 上の交わる2直線 m，n に垂直であれば，$l \perp \alpha$ である。

例 74 右の図の直方体ABCD-EFGH において，AD = AE = 1，AB = $\sqrt{3}$ である。

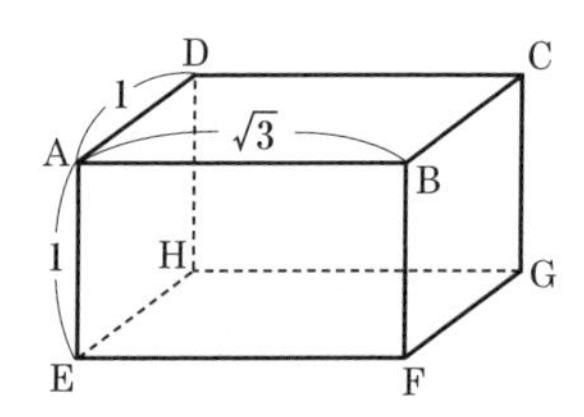

(1) 辺AB とねじれの位置にある辺をすべてあげると，

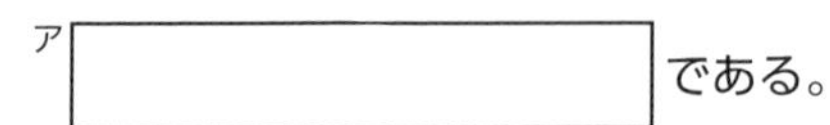

である。

(2) 2直線AB，CG のなす角は イ[　　] であり，2直線AB，EG のなす角は，2直線AB，AC のなす角と同じであるから，ウ[　　]

また，2直線AE，CH のなす角は，エ[　　] である。

練 習 問 題

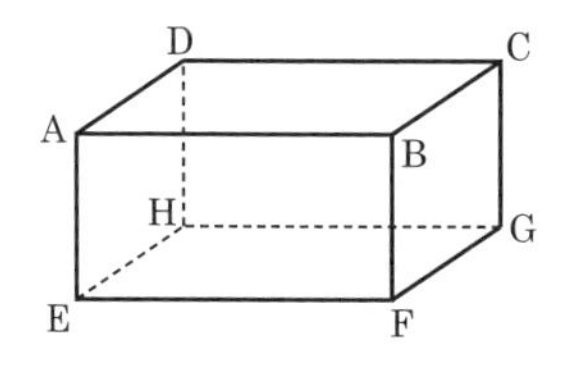

*89　右の図の直方体 ABCD-EFGH において，次のものをすべて求めよ。　◀例 74

(1)　辺 AD と平行な辺

(2)　辺 AD と交わる辺

(3)　辺 AD とねじれの位置にある辺

(4)　辺 AD と平行な平面

(5)　辺 AD を含む平面

(6)　辺 AD と交わる平面

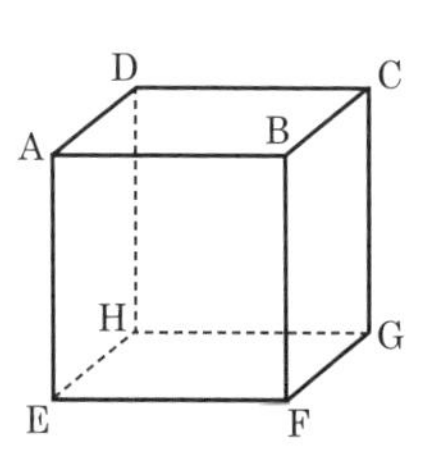

*90　右の図の立方体 ABCD-EFGH において，次の 2 直線のなす角を求めよ。　◀例 74

(1)　BC，AE　　(2)　AD，EG

(3)　AB，DE　　(4)　BD，CH

33 多面体

⇨教 p.109～p.110

1 多面体

(1) 多面体

いくつかの平面だけで囲まれた立体を 多面体 という。とくに，どの面を延長しても，その平面に関して一方の側だけに多面体があるような，へこみのない多面体を 凸多面体 という。

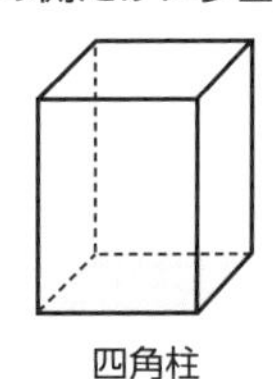
四角柱

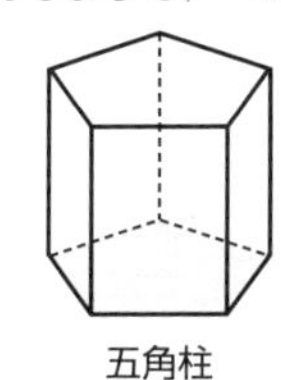
五角柱

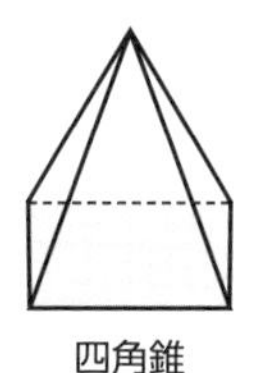
四角錐

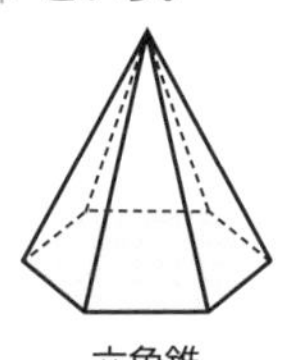
六角錐

(2) 正多面体

すべての面が合同な正多角形で，どの頂点にも面が同じ数だけ集まっている多面体を 正多面体 という。正多面体には，正四面体，正六面体，正八面体，正十二面体，正二十面体の 5 種類がある。

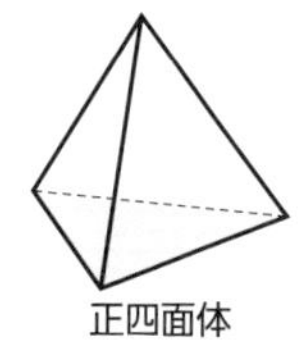
正四面体

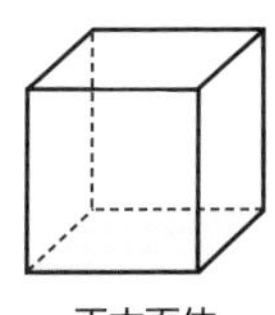
正六面体

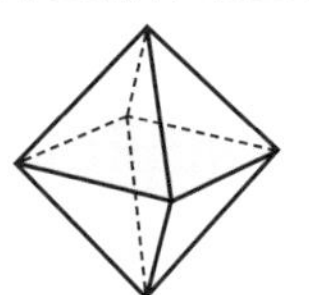
正八面体

正十二面体

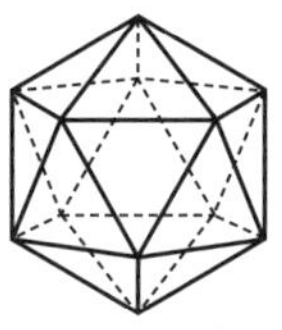
正二十面体

2 オイラーの多面体定理

凸多面体の頂点の数を v，辺の数を e，面の数を f とすると

$$v-e+f=2$$

例 75 右の図の正十二面体について，頂点の数 v，辺の数 e，面の数 f を求め，$v-e+f$ の値を計算してみよう。

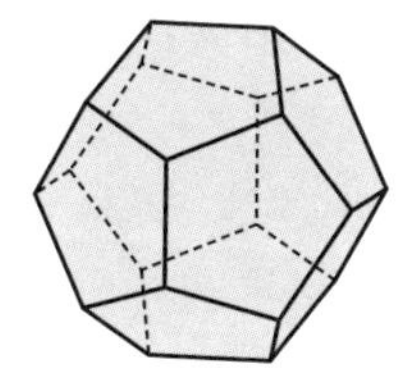

正十二面体のすべての面は，合同な正五角形である。1 つの頂点に集まる面の数が 3 であるから，正十二面体の頂点の数 v は

$$v=5\times12\div3=\text{ア}\boxed{}$$

1 つの辺に集まる面の数が 2 であるから，正十二面体の辺の数 e は

$$e=5\times12\div2=\text{イ}\boxed{}$$

面の数 f は 12 である。

よって　$v-e+f=20-30+12=\text{ウ}\boxed{}$

練 習 問 題

*91　次の多面体について，頂点の数 v，辺の数 e，面の数 f を求め，$v-e+f$ の値を計算せよ。　◀例 75

(1)　三角柱

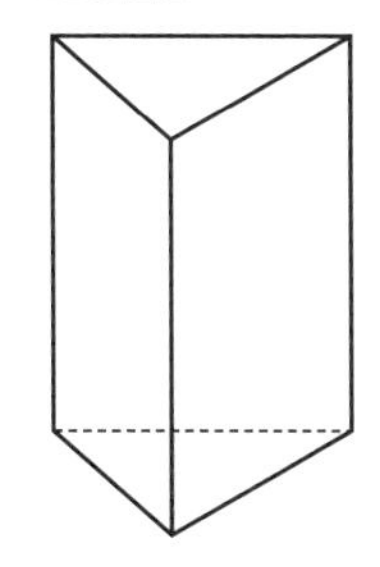

(2)　四角錐

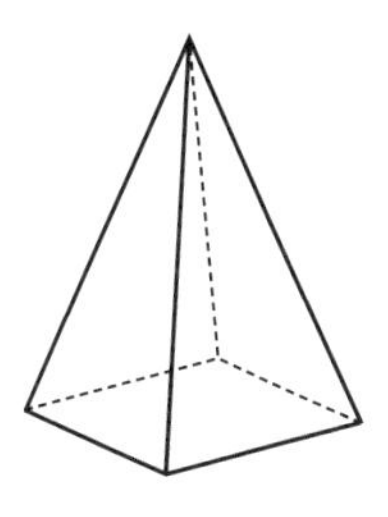

*92　右の図の多面体について，頂点の数 v，辺の数 e，面の数 f を求め，$v-e+f$ の値を計算せよ。　◀例 75

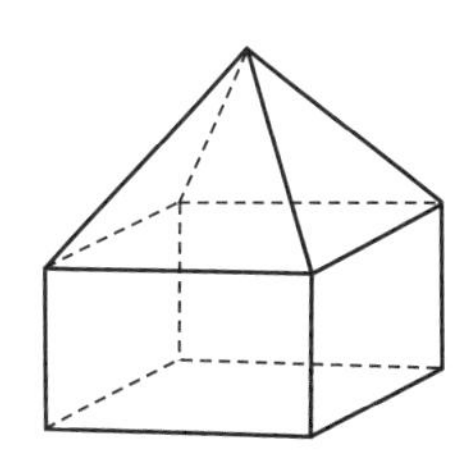

93　正二十面体の面はすべて正三角形である。
正二十面体について，頂点の数 v，辺の数 e，面の数 f を求め，$v-e+f$ の値を計算せよ。　◀例 75

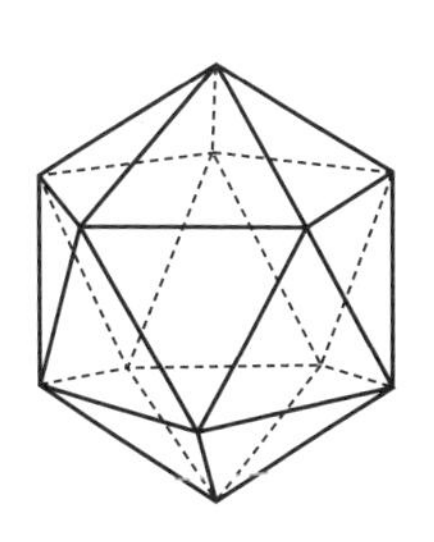

例題 3　三角形の辺の比と面積比

⇨教 p.82 応用例題 1

右の図の △ABC において，辺 BC を 2：3 に内分する点を P，辺 AB を 3：4 に内分する点を Q，AP と CQ の交点を O とする。このとき，次の比を求めよ。

(1)　AO：OP　　　(2)　△OBC：△ABC

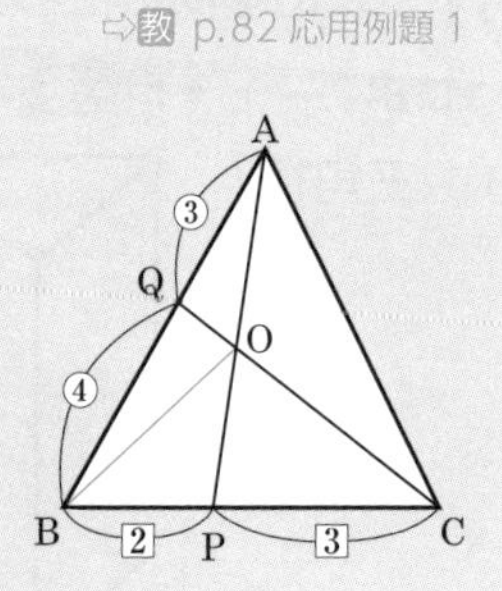

解　(1)　△ABP と直線 CQ にメネラウスの定理を用いると

$$\frac{BC}{CP}\cdot\frac{PO}{OA}\cdot\frac{AQ}{QB}=1 \quad より \quad \frac{5}{3}\cdot\frac{PO}{OA}\cdot\frac{3}{4}=1$$

ゆえに　$\dfrac{PO}{OA}=\dfrac{4}{5}$

よって　AO：OP＝5：4

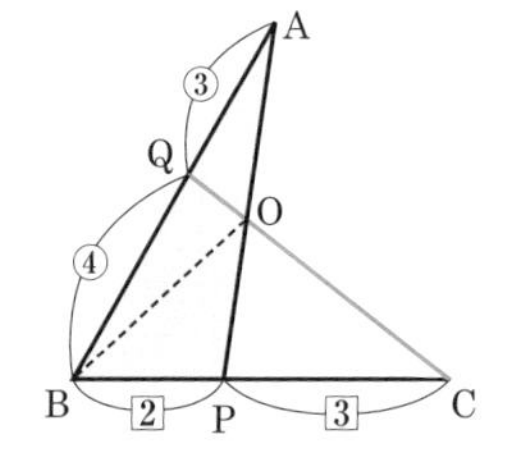

(2)　△OBC と △ABC は，辺 BC を共有しているから

$$\frac{\triangle OBC}{\triangle ABC}=\frac{OP}{AP}=\frac{4}{5+4}=\frac{4}{9}$$

よって　△OBC：△ABC＝4：9

問 3　右の図の △ABC において，辺 BC を 3：1 に内分する点を P，辺 AB を 3：2 に内分する点を Q，AP と CQ の交点を O とする。このとき，次の比を求めよ。

(1)　AO：OP　　　(2)　△OBC：△ABC

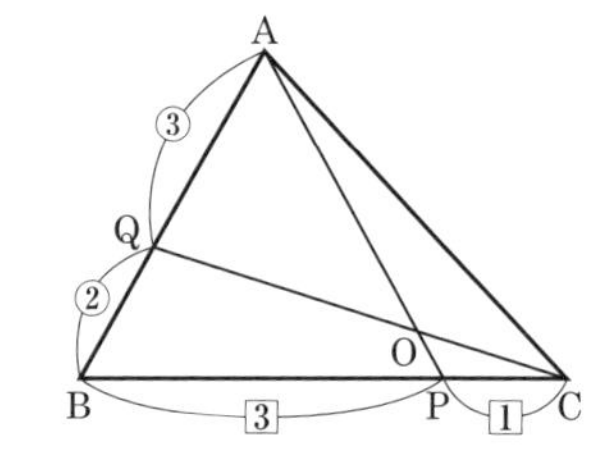

例題 4　内心の性質

⇨教 p.112 章末A 1

右の図の $\triangle$ABC において，点 I は内心である。このとき，次の比を求めよ。

(1)　BD : DC　　　　(2)　AI : ID

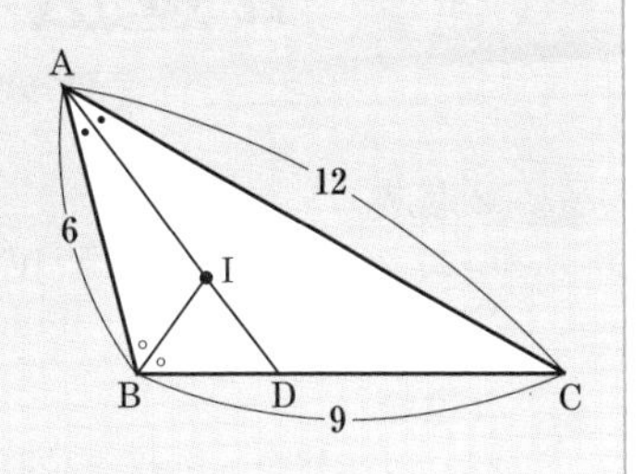

解　(1)　$\triangle$ABC において，AD は $\angle$A の二等分線であるから

$$\mathrm{BD} : \mathrm{DC} = \mathrm{AB} : \mathrm{AC}$$

よって　$\mathrm{BD} : \mathrm{DC} = 6 : 12 = 1 : 2$

(2)　$\mathrm{BD} = x$ とおくと　$\mathrm{BD} : \mathrm{DC} = 1 : 2$ より

$x : (9 - x) = 1 : 2$

よって　$2x = 9 - x$

これを解くと　$x = 3$

$\triangle$ABD において，BI は $\angle$B の二等分線であるから

$$\mathrm{AI} : \mathrm{ID} = \mathrm{BA} : \mathrm{BD}$$

よって　$\mathrm{AI} : \mathrm{ID} = 6 : 3 = 2 : 1$

問 4　右の図の $\triangle$ABC において，点 I は内心である。このとき，次の比を求めよ。

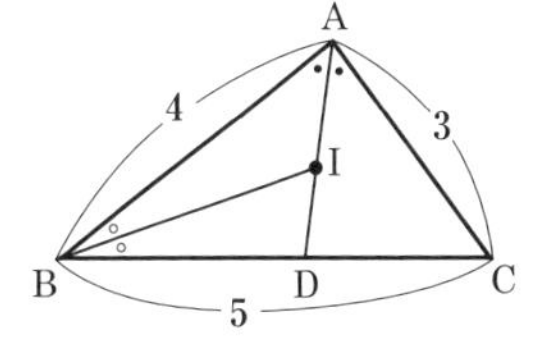

*(1)　BD : DC

(2)　AI : ID

34 n進法

⇨教 p.120～p.121

1 2進法

1，2，2^2，2^3，…… を位取りの単位とする記数法。
数の右下に $_{(2)}$ をつけて，$101_{(2)}$ のように表す。

2 n進法

2以上の自然数 n の累乗を位取りの単位とする記数法。
数の右下に $_{(n)}$ をつけて書く。

例 76 2進法で表された $10110_{(2)}$ を10進法で表してみよう。

$$10110_{(2)} = 1\times 2^4 + 0\times 2^3 + 1\times 2^2 + 1\times 2 + 0\times 1$$
$$= 16 + 0 + 4 + 2 + 0 = {}^{ア}\boxed{}$$

例 77 10進法で表された11を2進法で表してみよう。

右の計算より　$11 = {}^{ア}\boxed{}_{(2)}$

商が0になるまで2でつぎつぎに割り，出てきた余りを下から順に並べる

$$\begin{array}{r} 2)\underline{11} \\ 2)\underline{\ 5} \cdots 1 \\ 2)\underline{\ 2} \cdots 1 \\ 2)\underline{\ 1} \cdots 0 \\ 0 \cdots 1 \end{array}$$

例 78 3進法で表された $1202_{(3)}$ を10進法で表してみよう。

$$1202_{(3)} = 1\times 3^3 + 2\times 3^2 + 0\times 3 + 2\times 1$$
$$= 27 + 18 + 0 + 2 = {}^{ア}\boxed{}$$

例 79 10進法で表された19を3進法で表してみよう。

右の計算より　$19 = {}^{ア}\boxed{}_{(3)}$

商が0になるまで3でつぎつぎに割り，出てきた余りを下から順に並べる

$$\begin{array}{r} 3)\underline{19} \\ 3)\underline{\ 6} \cdots 1 \\ 3)\underline{\ 2} \cdots 0 \\ 0 \cdots 2 \end{array}$$

例 80 5進法で表された $2134_{(5)}$ を10進法で表してみよう。

$$2134_{(5)} = 2\times 5^3 + 1\times 5^2 + 3\times 5 + 4\times 1$$
$$= 250 + 25 + 15 + 4 = {}^{ア}\boxed{}$$

例 81 10進法で表された73を5進法で表してみよう。

右の計算より　$73 = {}^{ア}\boxed{}_{(5)}$

商が0になるまで5でつぎつぎに割り，出てきた余りを下から順に並べる

$$\begin{array}{r} 5)\underline{73} \\ 5)\underline{14} \cdots 3 \\ 5)\underline{\ 2} \cdots 4 \\ 0 \cdots 2 \end{array}$$

練　習　問　題

94　2 進法で表された次の数を 10 進法で表せ。　◀例 76

*(1)　$111_{(2)}$　　(2)　$1001_{(2)}$

95　10 進法で表された次の数を 2 進法で表せ。　◀例 77

(1)　12　　*(2)　27

96　3 進法で表された次の数を 10 進法で表せ。　◀例 78

(1)　$212_{(3)}$　　*(2)　$1021_{(3)}$

***97**　10 進法で表された次の数を 3 進法で表せ。　◀例 79

(1)　35　　(2)　65

98　5 進法で表された次の数を 10 進法で表せ。　◀例 80

(1)　$314_{(5)}$　　*(2)　$1043_{(5)}$

***99**　10 進法で表された次の数を 5 進法で表せ。　◀例 81

(1)　38　　(2)　97

35 約数と倍数

⇨教 p.122〜p.125

1 約数と倍数

整数 a と 0 でない整数 b について，

$$a = bc$$

を満たす整数 c が存在するとき，b を a の約数，a を b の倍数という。

2 倍数の判定法

2の倍数　一の位の数が 0，2，4，6，8 のいずれかである。
3の倍数　各位の数の和が 3 の倍数である。
4の倍数　下 2 桁が 4 の倍数である。
5の倍数　一の位の数が 0 または 5 である。
8の倍数　下 3 桁が 8 の倍数である。
9の倍数　各位の数の和が 9 の倍数である。

例 82　15 の約数をすべて求めてみよう。

$15 = 1 \times 15 = (-1) \times (-15)$ より

1，15，-1，-15 は 15 の約数

$15 = 3 \times 5 = (-3) \times (-5)$ より

3，5，-3，-5 は 15 の約数

よって，15 のすべての約数は

ア［　　　］，-1，-3，-5，-15

例 83　整数 a，b が 7 の倍数ならば，$a-b$ は 7 の倍数であることを証明してみよう。

証明　整数 a，b は 7 の倍数であるから，整数 k，l を用いて

$$a = 7k, \quad b = 7l$$

と表される。

ゆえに　$a - b = 7k - 7l = 7(k - l)$

ここで，k，l は整数であるから，$k - l$ は整数である。

よって，$7(k-l)$ は ア［　　　］の倍数である。

したがって，$a - b$ は ア［　　　］の倍数である。　終

← $a-b=7n$（n は整数）のとき，$a-b$ は ア の倍数

例 84　528 は，下 2 桁の 28 が 4 の倍数であるから，

528 は ア［　　　］の倍数である。

また，各位の数の和 $5+2+8=15$ が 3 の倍数であるから，

528 は イ［　　　］の倍数でもある。

練習問題

100 次の数の約数をすべて求めよ。 ◀例 82

*(1) 18　　(2) 100

101 整数 a, b が 7 の倍数ならば，$a+b$ は 7 の倍数であることの証明について，□ に適するものを入れよ。 ◀例 83

[証明] 整数 a, b は 7 の倍数であるから，整数 k, l を用いて

$$a=7k,\qquad b=7l$$

と表される。

ゆえに　$a+b=7k+7l=$ □

ここで，k, l は整数であるから，$k+l$ は整数である。

よって，□ は 7 の倍数である。

したがって，$a+b$ は 7 の倍数である。　[終]

***102** 次の数のうち，4 の倍数はどれか。 ◀例 84

① 232　② 345　③ 424　④ 1384　⑤ 7538

***103** 次の数のうち，3 の倍数はどれか。 ◀例 84

① 102　② 369　③ 424　④ 777　⑤ 1679

***104** 次の数のうち，9 の倍数はどれか。 ◀例 84

① 123　② 342　③ 3888　④ 4375

第3章 数学と人間の活動

36 素因数分解

⇨教 p.126

1 素因数分解

素数　1 とその数自身以外に正の約数がない 2 以上の自然数

例 2, 3, 5, 7, 11, 13, 17, 19, 23, 29, ……

素因数分解　自然数を素数の積で表すこと

例 60 を素因数分解すると　$60 = 2^2 \times 3 \times 5$

例 85　180 を素因数分解してみよう。

$180 = 2 \times 2 \times 3 \times 3 \times 5$

$= 2^2 \times$ ア［　　］$\times 5$

```
2)180
2) 90
3) 45
3) 15
    5
```

例 86　$\sqrt{24n}$ が自然数になるような最小の自然数 n を求めてみよう。

$\sqrt{24n}$ が自然数になるのは，$24n$ がある自然数の 2 乗になるときである。

すなわち，$24n$ を素因数分解したとき，各素因数の指数がすべて偶数になればよい。

24 を素因数分解すると

$24 = 2^3 \times 3$

よって，求める最小の自然数 n は

$n =$ ア［　　］$\times$ イ［　　］$=$ ウ［　　］

練習問題

***105** 次の数のうち，素数はどれか。

① 51　② 57　③ 61　④ 87　⑤ 91　⑥ 97

***106** 次の数を素因数分解せよ。 ◀例 85

(1) 78　　(2) 105

(3) 585　　(4) 616

107 次の数が自然数になるような最小の自然数 n を求めよ。 

(1) $\sqrt{27n}$

(2) $\sqrt{378n}$

37 最大公約数と最小公倍数（1）

⇨教 p.128〜p.129

1 最大公約数と最小公倍数

公約数　2つ以上の整数に共通な約数

最大公約数　公約数の中で最大のもの

求め方：各数に共通な素因数について，個数の最も少ないものを取り出し，それらをすべて掛けあわせる

公倍数　2つ以上の整数に共通な倍数

最小公倍数　正の公倍数の中で最小のもの

求め方：各数に共通な素因数について，個数の最も多いものと共通でない素因数を取り出し，それらをすべて掛けあわせる

例 87

60と72の最大公約数を求めてみよう。

60と72をそれぞれ素因数分解すると

$60 = 2^2 \times 3 \times 5$

$72 = 2^3 \times 3^2$

よって，最大公約数は

$2^2 \times 3 =$ ア［　　　］

← 最大公約数は次のようにして求めてもよい

```
2)60  72
2)30  36
3)15  18
   5   6
```

$2 \times 2 \times 3 =$ ア

例 88

12と90の最小公倍数を求めてみよう。

12と90をそれぞれ素因数分解すると

$12 = 2^2 \times 3$

$90 = 2 \times 3^2 \times 5$

よって，最小公倍数は

$2^2 \times 3^2 \times 5 =$ ア［　　　］

← 最小公倍数は次のようにして求めてもよい

```
2)12  90
3) 6  45
   2  15
```

$2 \times 3 \times 2 \times 15 =$ ア

練　習　問　題

108　次の 2 つの数の最大公約数を求めよ。　◀例 87

*(1)　12，42

(2)　26，39

*(3)　28，84

(4)　54，72

*(5)　147，189

(6)　64，256

109　次の 2 つの数の最小公倍数を求めよ。　◀例 88

(1)　12，20

*(2)　18，24

(3)　21，26

*(4)　39，78

(5)　20，75

*(6)　84，126

38 最大公約数と最小公倍数 (2)

⇨教 p.130〜p.131

1 最大公約数と最小公倍数の応用

文章題の考え方

① 文中で説明されている条件を式で表す。

② 公約数や公倍数の考えを利用して，①の式を解く。

2 互いに素

2 つの整数 a，b が，1 以外の正の公約数をもたないとき，すなわち a，b の最大公約数が 1 であるとき，a と b は 互いに素 であるという。

例 89 縦 18 cm，横 30 cm の長方形の紙に，1 辺の長さが x cm の正方形の色紙を隙間なく敷き詰めたい。x の最大値を求めてみよう。

正方形の色紙を縦に m 枚，横に n 枚並べて，長方形に敷き詰めるとすると

$$18 = mx, \quad 30 = nx$$

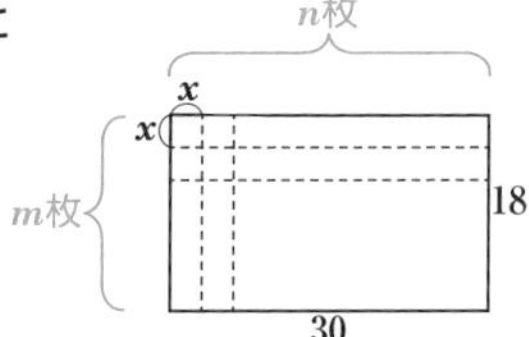

よって，x は 18 と 30 の公約数であるから，x の最大値は 18 と 30 の最大公約数である。

$$18 = 2\times3^2, \quad 30 = 2\times3\times5$$

より，18 と 30 の最大公約数は　$2\times3=$ ア［　　］

したがって，x の最大値は　ア［　　］

例 90 あるバス停から，A 町行きのバスは 10 分おきに，B 町行きのバスは 12 分おきに発車している。A 町行きのバスと B 町行きのバスが同時に出発したあと，次に同時に発車するのは何分後か求めてみよう。

2 台のバスが，次に同時に発車する時刻までの間隔は，10 と 12 の最小公倍数に等しい。

$$10 = 2\times5, \quad 12 = 2^2\times3$$

であるから，10 と 12 の最小公倍数は　$2^2\times3\times5=$ ア［　　］

よって，次に同時に発車するのは　ア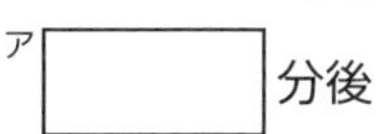分後

例 91 次の 2 つの整数について，「互いに素である」か「互いに素でない」かを調べてみよう。

(1) 15，22

15 と 22 の最大公約数は 1 である。

よって，15 と 22 は ア［　　　　］。

⇐ $15 = 3\times5$
$22 = 2\times11$

(2) 24，42

24 と 42 の最大公約数は 6 である。

よって，24 と 42 は イ［　　　　］。

⇐ $24 = 2^3\times3$
$42 = 2\times3\times7$

練　習　問　題

110　縦 78 cm，横 195 cm の長方形の壁（かべ）に，1 辺の長さが x cm の正方形のタイルを隙間なく敷き詰めたい。x の最大値を求めよ。　◀例 89

111　ある駅の 1 番線では上り電車が 12 分おきに，2 番線では下り電車が 16 分おきに発車している。1 番線と 2 番線から同時に電車が発車したあと，次に同時に発車するのは何分後か。　◀例 90

***112**　次の 2 つの整数の組のうち，互いに素であるものはどれか。　◀例 91

①　14 と 91　　②　39 と 58　　③　57 と 75

39 整数の割り算と商および余り

⇨教 p.132〜p.133

1 整数の割り算と商および余り

整数aと正の整数bについて

$a=bq+r$　　ただし，$0 \leqq r < b$

となる整数q，rが1通りに定まる。

qはaをbで割ったときの 商，rはaをbで割ったときの 余り という。

2 余りによる整数の分類

整数を正の整数mで割ったときの余りは0，1，2，3，……，$m-1$であるから，すべての整数は，整数kを用いて

mk，$mk+1$，$mk+2$，……，$mk+(m-1)$

のいずれかの形に表される。

例 92　$a=89$，$b=12$ のとき，aをbで割ったときの商qと余りrを用いて，$a=bq+r$ の形で表してみよう。ただし，$0 \leqq r < b$ とする。

$$
\begin{array}{r}
7 \\
12\,\overline{)\,89} \\
\underline{84} \\
5
\end{array}
$$

7 ←商　5 ←余り

$89=12\times$ ア□ $+$ イ□

例 93　整数aを8で割ると7余る。aを4で割ったときの余りを求めてみよう。

整数aは，整数kを用いて $a=8k+7$ と表される。

$a=8k+7=4(2k+1)+$ ア□

$2k+1$は整数であるから，aを4で割ったときの余りは ア□ である。

例 94　nは整数とする。$n(n-1)$を3で割ったときの余りは，0または2であることを証明してみよう。

証明　整数nは，整数kを用いて，$3k$，$3k+1$，$3k+2$のいずれかの形に表される。

(i)　$n=3k$ のとき

$n(n-1)=3k(3k-1)=9k^2-3k=3($ア□$)$

(ii)　$n=3k+1$ のとき

$n(n-1)=(3k+1)\{(3k+1)-1\}=9k^2+3k=3($イ□$)$

(iii)　$n=3k+2$ のとき

$n(n-1)=(3k+2)\{(3k+2)-1\}=9k^2+9k+2$

$=3($ウ□$)+2$

以上より，(i)と(ii)の場合は余り0，(iii)の場合は余り2である。

よって，$n(n-1)$を3で割ったときの余りは，0または2である。　終

練習問題

113 次の整数 a と正の整数 b について，a を b で割ったときの商 q と余り r を用いて，$a=bq+r$ の形で表せ。ただし，$0 \leqq r < b$ とする。 ◀例 92

*(1) $a=73$，$b=16$　　　(2) $a=163$，$b=24$

***114** 整数 a を 6 で割ると 4 余る。a を 3 で割ったときの余りを求めよ。 ◀例 93

115 n は整数とする。$n(n-2)$ を 3 で割ったときの余りは 0 または 2 であることの証明において，次の空欄を埋めよ。 ◀例 94

［証明］ 整数 n は，整数 k を用いて，$3k$，$3k+1$，$3k+2$ のいずれかの形に表される。

(i) $n=3k$ のとき

$$n(n-2)=3k(3k-2)=9k^2-6k=3(^{ア}\boxed{\quad})$$

(ii) $n=3k+1$ のとき

$$n(n-2)=(3k+1)\{(3k+1)-2\}=9k^2-1=3(^{イ}\boxed{\quad})+2$$

(iii) $n=3k+2$ のとき

$$n(n-2)=(3k+2)\{(3k+2)-2\}=9k^2+6k=3(^{ウ}\boxed{\quad})$$

以上より，(i)と(iii)の場合は余り 0，(ii)の場合は余り 2 である。

よって，$n(n-2)$ を 3 で割ったときの余りは，0 または 2 である。 ［終］

確認問題 8

1 次の問いに答えよ。

(1) 5 進法で表された $143_{(5)}$ を 10 進法で表せ。

(2) 10 進法で表された 13 を 3 進法で表せ。

(3) 2 進法で表された $10010_{(2)}$ を 3 進法で表せ。

2 以下の数について，次の問いに答えよ。

102　　216　　369　　426　　568　　612

(1) 4 の倍数であるものをすべて選べ。

(2) 9 の倍数であるものをすべて選べ。

***3** 675 を素因数分解せよ。

***4** 次の問いに答えよ。

(1) 252 と 315 の最大公約数を求めよ。

(2) 104 と 156 の最小公倍数を求めよ。

*5　縦 132 cm，横 330 cm の長方形の壁に，1 辺の長さが x cm の正方形のタイルを隙間なく敷き詰めたい。x の最大値を求めよ。

6　縦 70 cm，横 56 cm の長方形の板を隙間なく敷き詰めて，1 辺の長さ x cm の正方形をつくりたい。x の最小値を求めよ。

7　整数 a を 15 で割ると 7 余る。a を 5 で割ったときの余りを求めよ。

8　n は整数とする。n^2+n+1 を 2 で割ったときの余りは 1 であることの証明において，次の空欄を埋めよ。

証明　整数 n は，整数 k を用いて，$2k$，$2k+1$ のいずれかの形に表される。

(i)　$n=2k$ のとき

$$n^2+n+1=(2k)^2+2k+1=4k^2+2k+1=2(^{ア}\boxed{})+1$$

(ii)　$n=2k+1$ のとき

$$n^2+n+1=(2k+1)^2+(2k+1)+1=4k^2+6k+3=2(^{イ}\boxed{})+1$$

よって，n^2+n+1 を 2 で割ったときの余りは 1 である。　終

40 ユークリッドの互除法

⇨教 p.134~p.136

1 除法と最大公約数の性質

2 つの正の整数 a, b について，a を b で割ったときの余りを r とすると

(i) $r \neq 0$ のとき

a と b の最大公約数は，b と r の最大公約数に等しい

(ii) $r = 0$ のとき（a が b で割り切れるとき）

a と b の最大公約数は　b

2 ユークリッドの互除法

上の(i)，(ii)を利用して，a と b の最大公約数を求める方法

例 95 互除法を用いて，897 と 208 の最大公約数を求めてみよう。

$897 = 208 \times 4 + 65$

$208 = 65 \times 3 +$ ア［　　］

$65 =$ ア［　　］$\times 5$

よって，897 と 208 の最大公約数は ア［　　］ である。

$$\begin{array}{r} 4 \\ 208\overline{)\,897} \\ \underline{832} \\ 65 \end{array} \qquad \begin{array}{r} 3 \\ 65\overline{)\,208} \\ \underline{195} \\ 13 \end{array} \qquad \begin{array}{r} 5 \\ 13\overline{)\,65} \\ \underline{65} \\ 0 \end{array}$$

練　習　問　題

116 互除法を用いて，次の 2 つの数の最大公約数を求めよ。 ◀例 95

*(1) 273, 63

(2) 319, 99

*(3) 325, 143

*(4) 615, 285

41 不定方程式 (1)

⇨教 p.137

1 不定方程式の整数解

不定方程式　x, y についての方程式 $ax+by=c$　ただし, a, b, c は整数で, $a \neq 0$, $b \neq 0$

不定方程式の整数解　不定方程式 $ax+by=c$ を満たす 整数 x, y の組

2 $ax+by=0$ の整数解

a, b が互いに素であるとき, $ax+by=0$ のすべての整数解は

$ax=-by$ より,

$x=bk$, $y=-ak$　ただし, k は定数

例 96　不定方程式 $5x-8y=0$ の整数解をすべて求めてみよう。

不定方程式 $5x-8y=0$ を変形すると

$5x=8y$　……①

8y は 8 の倍数であるから, ①より $5x$ も 8 の倍数である。5 と 8 は互いに素であるから, x は 8 の倍数であり, 整数 k を用いて $x=8k$ と表される。

← 8y は 8 の倍数であるから, 5x は 8 の倍数

ここで, $x=8k$ を①に代入すると

$5\times 8k=8y$　より　$y=$ ア[　　] k

よって, 不定方程式 $5x-8y=0$ のすべての整数解は

$x=8k$, $y=$ ア[　　] k　(k は整数)

練 習 問 題

117 次の不定方程式の整数解をすべて求めよ。　◀例 96

*(1) $3x-4y=0$

(2) $9x-5y=0$

*(3) $2x+5y=0$

(4) $11x+6y=0$

42 不定方程式 (2)

⇨教 p.138

1 $ax+by=c$ の整数解 (1)

① a, b が互いに素であるとき，整数解を1つ求める。
② ①の解を，もとの式に代入する。
③ もとの式から②の式を引いた方程式に，前ページ 2 の性質を用いる。

例 97 不定方程式 $9x+5y=2$ の整数解を1つ求めてみよう。

不定方程式 $9x+5y=2$ を変形すると

$5y=-9x+2$ ……①

①の左辺 $5y$ は5の倍数であるから，①の右辺 $-9x+2$ の値が5の倍数となるような整数 x を1つ求めればよい。
右の表より，$-9x+2$ の値は
$x=-2$ のとき，5の倍数20になる。

x	-1	-2	-3	…
$-9x+2$	11	20	29	…

このとき，$5y=20$ より $y=$ ア[ ]

よって，$9x+5y=2$ の整数解の1つは

$x=-2$, $y=$ ア[ ] である。

例 98 不定方程式 $5x-2y=1$ の整数解をすべて求めてみよう。

$5x-2y=1$ ……①

の整数解を1つ求めると，$x=1$, $y=2$
これを①の左辺に代入すると

$5\times1-2\times2=1$ ……②

①－② より

$5(x-1)-2(y-2)=0$

すなわち $5(x-1)=2(y-2)$ ……③

5と2は互いに素であるから，$x-1$ は2の倍数であり，
整数 k を用いて $x-1=2k$ と表される。
ここで，$x-1=2k$ を③に代入すると

$5\times2k=2(y-2)$ より $y-2=5k$

よって，①のすべての整数解は

$x=$ ア[ ], $y=$ イ[ ] （k は整数）

← $5x=2y+1$ の右辺 $2y+1$ が5の倍数となるような y を求める。
$y=2$ のとき
$5x=5$
より $x=1$

練 習 問 題

118 次の不定方程式の整数解を1つ求めよ。 ◀例 97

*(1) $7x+5y=1$

(2) $5x-4y=2$

(3) $4x+13y=3$

*(4) $11x-6y=4$

119 次の不定方程式の整数解をすべて求めよ。 ◀例 98

*(1) $17x-3y=2$

(2) $11x+7y=1$

43 不定方程式 (3)

⇨教 p.139

1 不定方程式と互除法

不定方程式 $ax+by=1$ の整数解の1つが簡単に求められない場合には，
互除法を利用して整数解の1つを求めることができる。

注 整数 a，b が互いに素であるとき，
$ax+by=1$ を満たす整数 x，y が必ず存在する。

例 99 不定方程式 $38x+27y=1$ の整数解の1つを互除法を利用して求めてみよう。

38 と 27 は互いに素であるから，最大公約数は1である。

38 と 27 に互除法を適用して，余りに着目すると

$38=27\times1+11$ より $11=38-27\times1$ ……①

$27=11\times2+5$ より $5=27-11\times2$ ……②

$11=5\times2+1$ より $1=11-5\times2$ ……③

ここで，③より $11-5\times2=1$ ……④

④の5を，②で置きかえると

$$11-(27-11\times2)\times2=1$$

ゆえに $11\times5-27\times2=1$ ……⑤

⑤の11を，①で置きかえると

$$(38-27\times1)\times5-27\times2=1$$

ゆえに $38\times5-27\times7=1$

より $38\times5+27\times(-7)=1$

よって，不定方程式 $38x+27y=1$ の整数解の1つは $x=$ ア□，$y=$ イ□

練 習 問 題

*120 不定方程式 $51x+19y=1$ の整数解の1つを互除法を利用して求めよ。 ◀例 99

44 不定方程式 (4)

⇨教 p.140

1 $ax+by=c$ の整数解 (2)

不定方程式 $ax+by=c$ の整数解の1つが簡単に求められないときは，次のことを利用すればよい。

不定方程式 $ax+by=1$ の整数解の1つが $x=m$，$y=n$ であるとき，すなわち

$$am+bn=1$$

であるとき，$x=cm$，$y=cn$ は，$ax+by=c$ の整数解の1つである。

TRY

例 100 次の不定方程式の整数解をすべて求めてみよう。

$$38x+27y=4 \quad \cdots\cdots①$$

$38x+27y=1$ の整数解の1つは $x=5$，$y=-7$ であるから

$$38\times5+27\times(-7)=1$$

← 前ページ例99の ア，イ の値を用いる

両辺を4倍して　$38\times20+27\times(-28)=4 \quad \cdots\cdots②$

①－② より　$38(x-20)+27(y+28)=0$

すなわち　$38(x-20)=-27(y+28) \quad \cdots\cdots③$

38と27は互いに素であるから，$x-20$ は27の倍数であり，

整数 k を用いて $x-20=27k$ と表される。

ここで，$x-20=27k$ を③に代入すると，

$38\times27k=-27(y+28)$ より $y+28=-38k$

よって，①のすべての整数解は

$x=27k+$ ア［　　］，$y=-38k-$ イ［　　］　（k は整数）

練 習 問 題

TRY

121 不定方程式 $51x+19y=3$ の整数解をすべて求めよ。 ◀例100

確認問題 9

1 互除法を用いて，次の 2 つの数の最大公約数を求めよ。

*(1) 133，91　　(2) 312，182　　*(3) 816，374

2 次の不定方程式の整数解をすべて求めよ。

*(1) $8x-15y=0$　　(2) $12x+7y=0$

3 次の不定方程式の整数解をすべて求めよ。

(1) $3x+7y=1$　　*(2) $7x-9y=3$

4 次の問いに答えよ。

*(1) 不定方程式 $53x-37y=1$ の整数解の1つを互除法を利用して求めよ。

(2) 不定方程式 $53x-37y=1$ の整数解をすべて求めよ。

(3) 不定方程式 $53x-37y=2$ の整数解をすべて求めよ。

45 相似を利用した測量，三平方の定理の利用

⇨教 p.142〜p.145

1 相似な三角形の辺の比

△ABC ∽ △DEF のとき

AB : DE = BC : EF

BC : EF = AC : DF

AC : DF = AB : DE

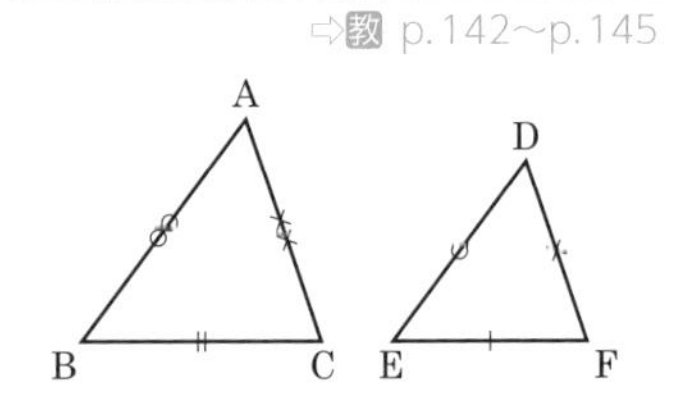

2 三平方の定理

直角三角形の直角をはさむ 2 辺の長さを a，b，斜辺の長さを c とすると

$a^2 + b^2 = c^2$

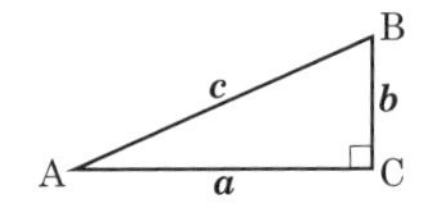

例 101

右の図において，△ABC ∽ △DEF のとき

$x : 2 = 6 : 4$

より　$4x = 12$

よって　$x =$ ア［　　］

$8 : y = 6 : 4$

より　$6y = 32$

よって　$y =$ イ［　　］

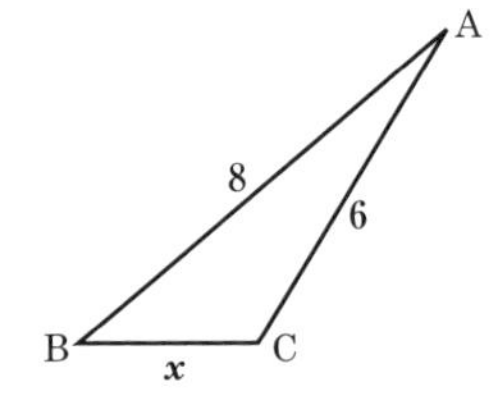

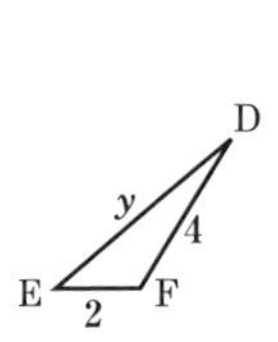

例 102

身長 1.6 m の人の影の長さが 2 m であるとき，影の長さが 6 m である木の高さを求めてみよう。

右の図において，△ABC ∽ △DEF であるから

AC : DF = BC : EF

すなわち　AC : 1.6 = 6 : 2

したがって　AC = 1.6 × 6 ÷ 2 = ア［　　］(m)

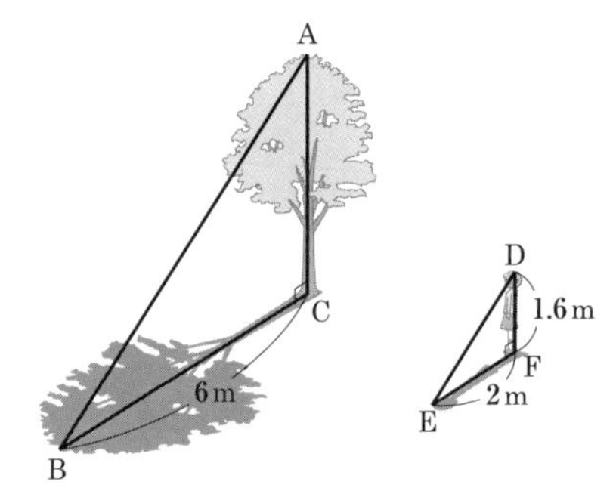

例 103

右の図の直角三角形において，x を求めてみよう。

三平方の定理より　$x^2 + 2^2 = 3^2$

$x > 0$ であるから　$x = \sqrt{3^2 - 2^2}$

$=$ ア［　　］

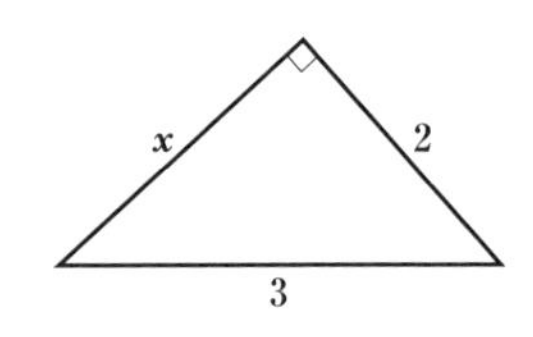

練 習 問 題

122 次の図において $\triangle ABC \backsim \triangle DEF$ である。x, y を求めよ。 ◀例 101

(1)

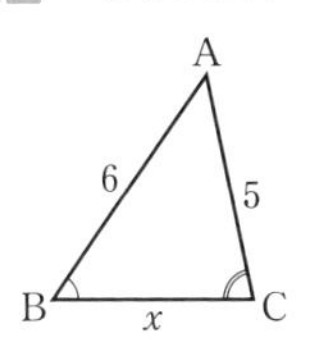

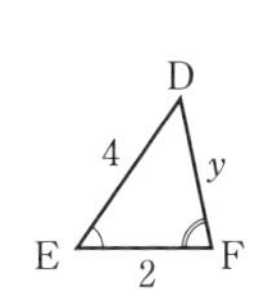

(2)

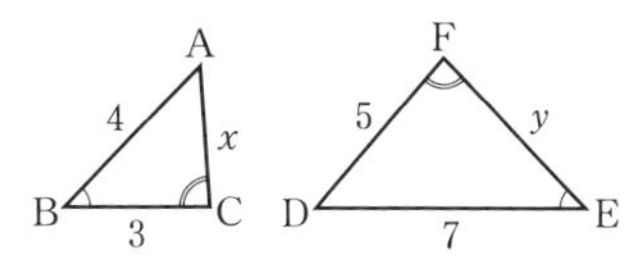

123 身長 1.8 m の人の影の長さが 0.6 m であるとき，影の長さが 24 m であるビルの高さを求めよ。 ◀例 102

124 次の直角三角形において，x を求めよ。 ◀例 103

(1)

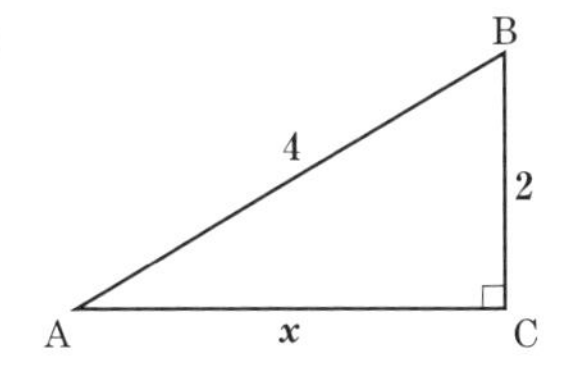

(2)

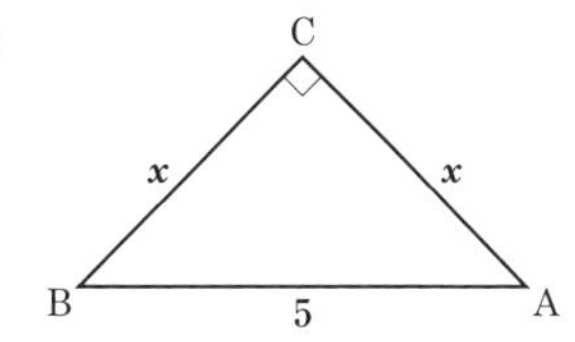

第3章 数学と人間の活動

46 座標の考え方

⇨教 p.146〜p.148

1 座標の考え方

直線上の点の座標　数直線上で対応する実数 a によって点 P (a) と表す。

平面上の点の座標　直交する 2 本の数直線を用いて，2 つの実数の組で点 P $(a,\ b)$ と表す。

空間の点の座標　点 O を原点として，x 軸と y 軸で定まる平面に垂直で，点 O を通る数直線を z 軸，点 P を通って各座標平面に平行な平面と，x 軸，y 軸，z 軸との交点の各座標軸における座標をそれぞれ a，b，c として，3 つの数の組で点 P $(a,\ b,\ c)$ と表す。

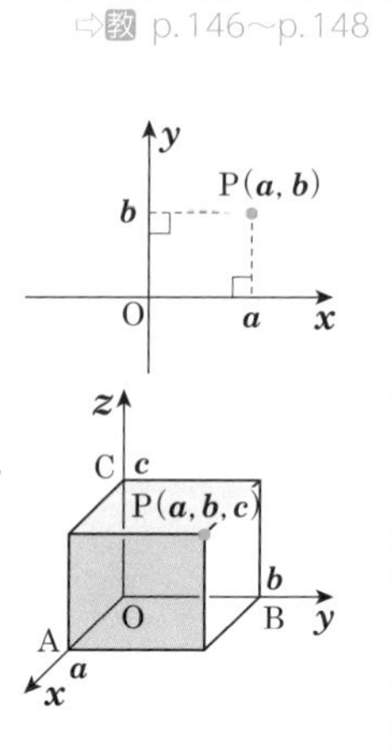

例 104　次の座標を数直線上に図示してみよう。

(1)　A (3)　　(2)　B $\left(-\dfrac{3}{2}\right)$　　(3)　C $\left(-\dfrac{5}{2}\right)$

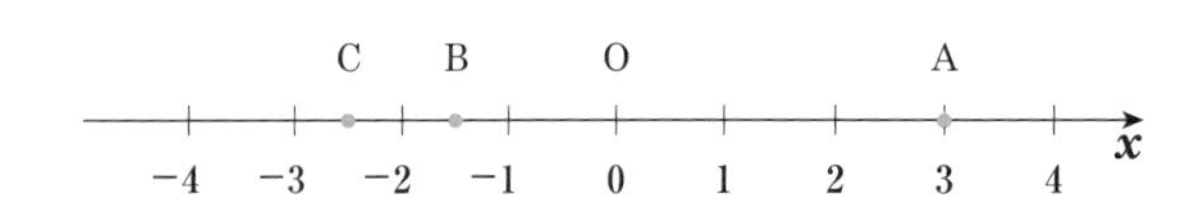

例 105　点 A $(2,\ 3)$ と

x 軸に関して対称な点 B の座標は $($ア$\boxed{}$, イ$\boxed{})$

y 軸に関して対称な点 C の座標は $($ウ$\boxed{}$, エ$\boxed{})$

原点に関して対称な点 D の座標は $($オ$\boxed{}$, カ$\boxed{})$

である。

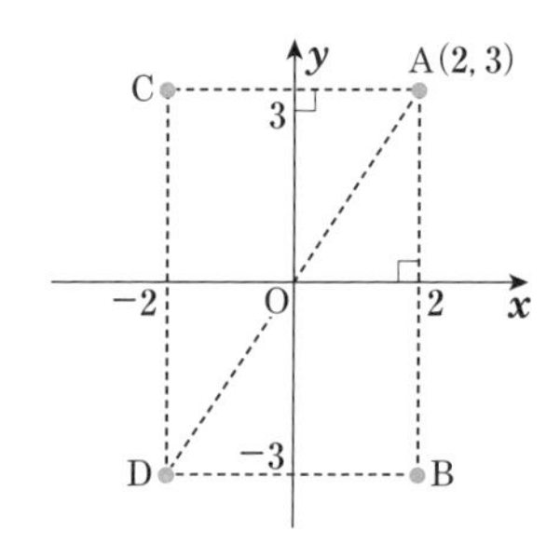

例 106　点 P $(3,\ 2,\ 4)$ と

xy 平面に関して対称な点 Q の座標は

$($ア$\boxed{}$, イ$\boxed{}$, ウ$\boxed{})$

yz 平面に関して対称な点 R の座標は

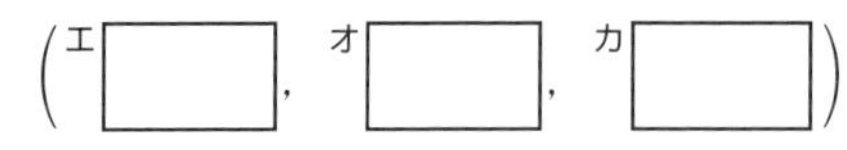

$($エ$\boxed{}$, オ$\boxed{}$, カ$\boxed{})$

である。

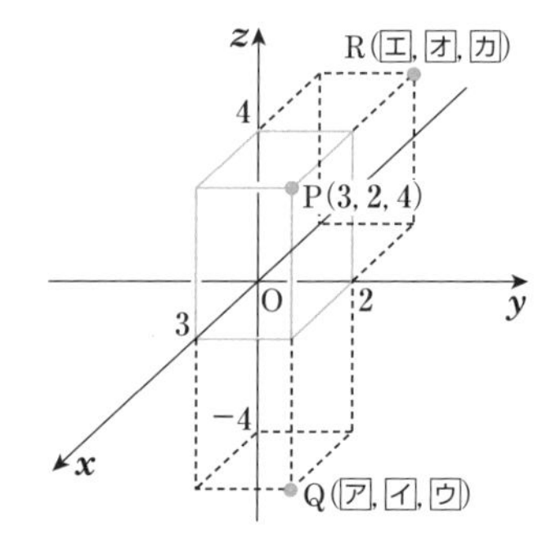

練 習 問 題

125 次の座標を数直線上に図示せよ。 ◀例 104

(1) $\mathrm{A}(7)$ (2) $\mathrm{B}(-2)$ (3) $\mathrm{C}\left(\frac{9}{2}\right)$ (4) $\mathrm{D}\left(-\frac{1}{2}\right)$

126 点 $\mathrm{A}(3,\ -2)$ と x 軸，y 軸，原点に関して対称な点をそれぞれ B，C，D とするとき，これらの点の座標を求めよ。 ◀例 105

127 右の図において，点 P，Q，R，S の座標，および yz 平面に関して点 P と対称な点 T の座標を求めよ。 ◀例 106

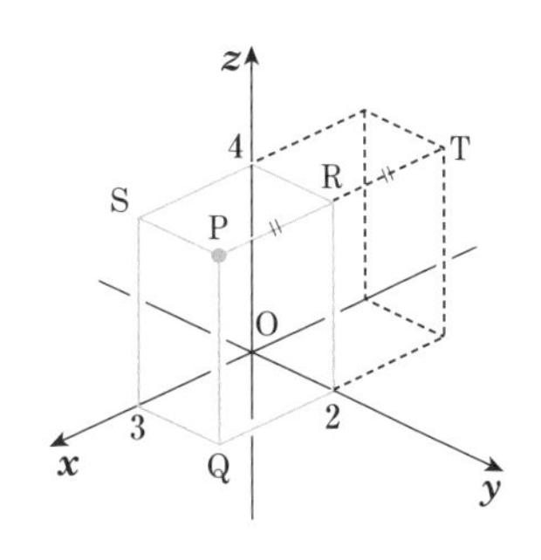

略　解

第1章　場合の数と確率

1　集合

例1　ア　1, 2, 3, 6, 9, 18
　　　イ　−2, −1, 0, 1, 2, 3

例2　ア　⊃

例3　ア　2, 4　　イ　1, 2, 3, 4, 5, 6, 8, 10
　　　ウ　∅

例4　ア　4, 5, 6　　イ　1, 2, 4, 5　　ウ　4, 5
　　　エ　1, 2, 4, 5, 6　　オ　6
　　　カ　1, 2, 3, 4, 5

1　(1)　$A=\{1, 2, 3, 4, 6, 12\}$
　(2)　$B=\{-3, -2, -1, 0, 1\}$

2　$A \supset B$

3　(1)　{3, 5, 7}　　(2)　{1, 2, 3, 5, 7}
　(3)　∅

4　(1)　{7, 8, 9, 10}　　(2)　{1, 2, 3, 4, 9, 10}
　(3)　{1, 2, 3, 4, 7, 8, 9, 10}
　(4)　{9, 10}
　(5)　{5, 6, 7, 8, 9, 10}
　(6)　{1, 2, 3, 4}

2　集合の要素の個数

例5　ア　25

例6　ア　6

例7　ア　3　　イ　13

5　$n(A)=11$ 個, $n(B)=10$ 個

6　7

7　(1)　3個　　(2)　20個

3　補集合の要素の個数

例8　ア　27

例9　ア　26　　イ　4

8　(1)　70個　　(2)　74個

9　(1)　87人　　(2)　13人

確認問題1

1　(1)　$A=\{1, 2, 4, 8, 16\}$
　(2)　$B=\{2, 3, 5, 7, 11, 13, 17, 19\}$

2　∅, {2}, {4}, {6}, {2, 4}, {2, 6}, {4, 6}, {2, 4, 6}

3　(1)　{3, 5, 7}
　(2)　{1, 2, 3, 5, 7, 9}
　(3)　∅

4　(1)　{2, 4, 6, 8, 10}　　(2)　{4, 5, 7, 8, 9, 10}
　(3)　{4, 8, 10}　　(4)　{4, 8, 10}

5　$n(A)=14$ (個), $n(B)=8$ (個)

6　7

7　(1)　2個　　(2)　20個

8　(1)　52個　　(2)　55個

9　(1)　72人　　(2)　8人

4　樹形図・和の法則

例10　ア　12

例11　ア　9

10　18通り

11　(1)　12通り　　(2)　21通り

5　積の法則

例12　ア　12

例13　ア　216　　イ　8

例14　ア　12

12　24通り

13　15通り

14　(1)　45通り　　(2)　8通り

15　(1)　4個　　(2)　12個

6　順列 (1)

例15　ア　56　　イ　840

例16　ア　120

例17　ア　990

例18　ア　720

16　(1)　12　　(2)　120
　(3)　720　　(4)　7

17　60通り

18　(1)　132通り　　(2)　504通り

19　120通り

7　順列 (2)

例19　ア　168　　イ　294

例20　ア　144　　イ　144

20　60通り

21　180通り

22　(1)　288通り　　(2)　144通り

8　円順列・重複順列

例21　ア　24

例22　ア　16

23　(1)　720通り　　(2)　6通り

24　(1)　64通り　　(2)　9通り　　(3)　243 通り

確認問題 2

1 24通り

2 (1) 9通り　(2) 10通り

3 15通り

4 (1) 6個　(2) 8個

5 (1) 30　(2) 5　(3) 120

6 840通り

7 360通り

8 (1) 1440通り　(2) 576通り

9 (1) 5040通り　(2) 256通り

9 組合せ (1)

例23 ア 28　イ 15

例24 ア 21

例25 ア 8

例26 ア 35

25 (1) 10　(2) 20　(3) 11　(4) 1

26 (1) 252通り　(2) 495通り

27 (1) 28　(2) 10　(3) 220　(4) 91

28 10個

10 組合せ (2)

例27 ア 12

例28 ア 20　イ 10

29 (1) 210通り　(2) 60通り

30 (1) 70通り　(2) 35通り

11 同じものを含む順列

例29 ア 1260

例30 ア 126　イ 6　ウ 10　エ 60

31 210通り

32 420通り

33 (1) 84通り　(2) 45通り

確認問題 3

1 (1) 6　(2) 120　(3) 6　(4) 1　(5) 11　(6) 36

2 (1) 56通り　(2) 792通り

3 84個

4 45通り

5 (1) 252通り　(2) 126通り

6 210通り

7 (1) 126通り　(2) 40通り

12 試行と事象・事象の確率

例31 ア 3

例32 ア $\frac{2}{3}$

例33 ア $\frac{4}{7}$

34 全事象　$U=\{1,\ 2,\ 3,\ 4,\ 5\}$
根元事象　$\{1\}$, $\{2\}$, $\{3\}$, $\{4\}$, $\{5\}$

35 (1) $\frac{1}{3}$　(2) $\frac{1}{3}$

36 (1) $\frac{1}{3}$　(2) $\frac{7}{90}$

37 $\frac{5}{8}$

13 いろいろな事象の確率 (1)

例34 ア $\frac{1}{2}$

例35 ア $\frac{5}{36}$　イ $\frac{1}{6}$

38 $\frac{1}{4}$

39 (1) $\frac{1}{8}$　(2) $\frac{3}{8}$

40 (1) $\frac{1}{9}$　(2) $\frac{5}{12}$

14 いろいろな事象の確率 (2)

例36 ア $\frac{1}{20}$

例37 ア $\frac{9}{20}$

41 $\frac{1}{20}$

42 $\frac{1}{120}$

43 (1) $\frac{4}{35}$　(2) $\frac{18}{35}$

15 確率の基本性質 (1)

例38 ア 1, 3, 4, 5, 6

例39 ア 排反

例40 ア $\frac{1}{4}$

44 $A\cap B=\{2\}$
$A\cup B=\{2,\ 3,\ 4,\ 5,\ 6\}$

45 B と C

46 (1) $\frac{3}{20}$　(2) $\frac{7}{10}$

16　確率の基本性質 (2)

例41　ア　$\frac{3}{7}$

例42　ア　$\frac{12}{25}$

47　$\frac{11}{56}$

48　$\frac{33}{100}$

17　余事象とその確率

例43　ア　$\frac{2}{3}$

例44　ア　$\frac{13}{14}$

49　$\frac{4}{5}$

50　$\frac{20}{21}$

51　$\frac{41}{55}$

確 認 問 題 4

1　全事象　$U=\{1, 2, 3, 4, 5, 6, 7, 8, 9\}$
　根元事象　$\{1\}$, $\{2\}$, $\{3\}$, $\{4\}$, $\{5\}$, $\{6\}$, $\{7\}$, $\{8\}$, $\{9\}$

2　(1)　$\frac{1}{2}$　(2)　$\frac{2}{3}$

3　$\frac{1}{8}$

4　(1)　$\frac{1}{12}$　(2)　$\frac{1}{2}$

5　$\frac{15}{56}$

6　$A\cap B=\{2\}$
　$A\cup B=\{2, 3, 4, 5, 6, 7, 8\}$

7　$\frac{4}{25}$

8　$\frac{43}{50}$

9　$\frac{7}{9}$

18　独立な試行の確率・反復試行の確率

例45　ア　$\frac{1}{6}$

例46　ア　$\frac{1}{24}$

例47　ア　$\frac{3}{8}$

52　$\frac{1}{3}$

53　(1)　$\frac{1}{18}$　(2)　$\frac{2}{27}$

54　$\frac{15}{64}$

19　条件つき確率と乗法定理

例48　ア　$\frac{4}{11}$　イ　$\frac{4}{7}$

例49　ア　$\frac{2}{7}$　イ　$\frac{3}{28}$

55　(1)　$\frac{9}{20}$　(2)　$\frac{9}{23}$

56　(1)　$\frac{1}{3}$　(2)　$\frac{2}{15}$

57　(1)　$\frac{5}{7}$　(2)　$\frac{15}{56}$

20　期待値

例50　ア　5

例51　ア　$\frac{200}{3}$

58　5

59　$\frac{3}{2}$ 回

60　900 点

確 認 問 題 5

1　$\frac{1}{4}$

2　$\frac{5}{144}$

3　$\frac{40}{243}$

4　$\frac{2}{9}$

5　(1)　$\frac{5}{18}$　(2)　$\frac{1}{6}$

6　60 点

TRY *PLUS*

問1　(1)　$\frac{1}{27}$　(2)　$\frac{2}{9}$　(3)　$\frac{4}{27}$

問2　$\frac{2}{27}$

第2章　図形の性質

21　平行線と線分の比

例52　ア　8　　イ　3

例53　R　P　Q　A　B

61　(1)　$x=\frac{18}{7}$，$y=3$　(2)　$x=6$，$y=4$

(3)　$x=\frac{5}{3}$，$y=\frac{16}{3}$　(4)　$x=\frac{15}{2}$，$y=6$

62　A　B　F　C　D　E

22　角の二等分線と線分の比

例54　ア　8

例55　ア　6

63　$x=8$

64　(1)　$\frac{21}{5}$　(2)　$\frac{9}{2}$　(3)　$\frac{63}{10}$

23　三角形の重心・内心・外心

例56　ア　12

例57　ア　70°

例58　ア　40°

65　PB=2，PQ=6

66　(1)　115°　(2)　40°　(3)　130°

67　(1)　30°　(2)　160°　(3)　120°

24　メネラウスの定理とチェバの定理

例59　ア　11　　イ　4

例60　ア　3　　イ　4

68　BP：PC=3：1

69　AR：RB=2：1

70　AR：RB=9：10

71　(1)　BD：DC=5：2　(2)　AE：EC=5：3

確認問題6

1　(1)　$x=5$，$y=8$　(2)　$x=6$，$y=9$

2　(1)　AE：EC=2：3　(2)　6

3　(1)　9　(2)　6　(3)　9

4　GD=4，GQ=4

5　(1)　35°　(2)　130°

6　(1)　BD：DC=7：3　(2)　AE：EC=7：4

25　円周角の定理とその逆

例61　ア　50°　　イ　90°　　ウ　40°

例62　ア　BDC

72　(1)　130°　(2)　40°

(3)　40°　(4)　55°

73　(1)　同一円周上にある　(2)　同一円周上にない

26　円に内接する四角形

例63　ア　120°　　イ　100°

例64　ア　100°　　イ　180°

74　(1)　$\alpha=105°$，$\beta=50°$　(2)　$\alpha=100°$，$\beta=35°$

(3)　$\alpha=100°$，$\beta=40°$

75　(1)　20°　(2)　50°

76　(イ)と(ウ)

27　円の接線

例65　ア　4　　イ　9

例66　ア　5　　イ　8　　ウ　3

77　(1)　8　(2)　12

78　6

28　接線と弦のつくる角

例67　ア　110°

例68　ア　90°　　イ　30°　　ウ　30°

79　(1)　40°　(2)　35°

80　(1)　60°　(2)　40°

29　方べきの定理

例69　ア　10　　イ　11

例70　ア　6

81　(1)　3　(2)　9

82　(1)　$2\sqrt{11}$　(2)　9

(3)　4　(4)　2

30　2つの円

例71　ア　10　　イ　4

例72　ア　$2\sqrt{6}$

83　2

84　(1)　離れている，共通接線は4本

(2)　外接する，共通接線は3本

(3)　2点で交わる，共通接線は2本

85　(1)　$2\sqrt{35}$　(2)　$6\sqrt{2}$

確認問題7

1　(1)　$\alpha=100°$，$\beta=80°$　(2)　$\alpha=100°$，$\beta=60°$

(3)　$\alpha=125°$，$\beta=125°$

2　8

3　$\frac{5}{2}$

4　(1)　60°　(2)　53°　(3)　20°

5　(1)　$\alpha=55°$，$\beta=115°$

(2)　$\alpha=18°$，$\beta=72°$

(3)　$\alpha=50°$，$\beta=20°$

6　(1)　4　(2)　$\frac{7}{5}$　(3)　3

7　$3\sqrt{7}$

31 作図

例 73　ア　$_3C_5$

86 ①　長さ 1 の線分 AB をかく。

②　点 A を通る直線 l を引き，等間隔に 4 個の点 C_1，C_2，C_3，C_4 をとる。

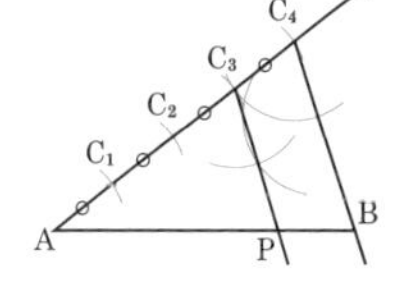

③　線分 C_4B と平行に点 C_3 を通る直線を引き，線分 AB との交点を P とすれば，$AP=\frac{3}{4}$ となる。

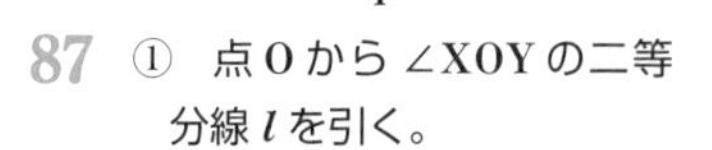

87 ①　点 O から ∠XOY の二等分線 l を引く。

②　点 P から直線 OX に垂線 h を引く。

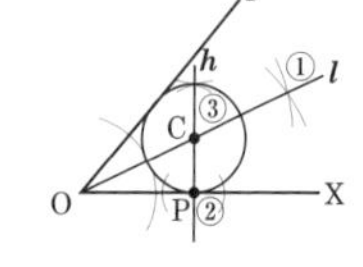

③　直線 l と直線 h の交点を C とする。

④　C を中心，CP を半径とする円が求める円である。

88 ①　長さ 1 の線分 AB の延長上に，BC=3 となる点 C をとる。

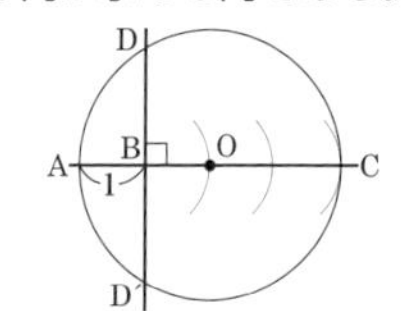

②　線分 AC の中点 O を求め，OA を半径とする円をかく。

③　点 B を通り，AC に垂直な直線を引き，円 O との交点を D，D′ とすれば，$BD=BD'=\sqrt{3}$ である。

別解　右の図のように直角三角形をかく方法でも，長さ $\sqrt{3}$ の線分を作図できる。

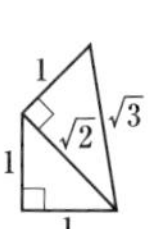

32 空間における直線と平面

例 74　ア　CG，DH，EH，FG　　イ　90°

　　　ウ　30°　　エ　60°

89 (1)　BC，EH，FG

(2)　AB，AE，DC，DH

(3)　BF，CG，EF，HG

(4)　平面 BFGC，平面 EFGH

(5)　平面 ABCD，平面 AEHD

(6)　平面 AEFB，平面 DHGC

90 (1)　90°　　(2)　45°

(3)　90°　　(4)　60°

33 多面体

例 75　ア　20　　イ　30　　ウ　2

91 (1)　$v=6$，$e=9$，$f=5$，$v-e+f=2$

(2)　$v=5$，$e=8$，$f=5$，$v-e+f=2$

92 $v=9$，$e=16$，$f=9$，$v-e+f=2$

93 $v=12$，$e=30$，$f=20$，$v-e+f=2$

TRY PLUS

問 3　(1)　AO : OP = **6 : 1**

(2)　△OBC : △ABC = **1 : 7**

問 4　(1)　BD : DC = **4 : 3**

(2)　AI : ID = **7 : 5**

第 3 章　数学と人間の活動

34 n 進法

例 76　ア　22

例 77　ア　1011

例 78　ア　47

例 79　ア　201

例 80　ア　294

例 81　ア　243

94 (1)　7　　(2)　9

95 (1)　$1100_{(2)}$　　(2)　$11011_{(2)}$

96 (1)　23　　(2)　34

97 (1)　$1022_{(3)}$　　(2)　$2102_{(3)}$

98 (1)　84　　(2)　148

99 (1)　$123_{(5)}$　　(2)　$342_{(5)}$

35 約数と倍数

例 82　ア　1，3，5，15

例 83　ア　7

例 84　ア　4　　イ　3

100 (1)　1，2，3，6，9，18，−1，−2，−3，−6，−9，−18

(2)　1，2，4，5，10，20，25，50，100，−1，−2，−4，−5，−10，−20，−25，−50，−100

101 $7(k+l)$

102 ①，③，④

103 ①，②，④

104 ②，③

36 素因数分解

例 85　ア　3^2

例 86　ア　2　　イ　3　　ウ　6

105 ③，⑥

106 (1)　$2\times3\times13$　　(2)　$3\times5\times7$

(3)　$3^2\times5\times13$　　(4)　$2^3\times7\times11$

107 (1)　3　　(2)　42

37 最大公約数と最小公倍数 (1)

例 87　ア　12

例 88　ア　180

108 (1)　6　　(2)　13　　(3)　28

(4)　18　　(5)　21　　(6)　64

109 (1) 60　(2) 72　(3) 546
(4) 78　(5) 300　(6) 252

38　最大公約数と最小公倍数 (2)

例89　ア　6

例90　ア　60

例91　ア　互いに素である　イ　互いに素でない

110 39

111 48 分後

112 ②

39　整数の割り算と商および余り

例92　ア　7　イ　5

例93　ア　3

例94　ア　$3k^2-k$　イ　$3k^2+k$　ウ　$3k^2+3k$

113 (1) $73=16\times4+9$
(2) $163=24\times6+19$

114 1

115 ア　$3k^2-2k$　イ　$3k^2-1$　ウ　$3k^2+2k$

確認問題 8

1 (1) 48　(2) $111_{(3)}$　(3) $200_{(3)}$

2 (1) 216, 568, 612　(2) 216, 369, 612

3 $3^3\times5^2$

4 (1) 63　(2) 312

5 66

6 280

7 2

8 ア　$2k^2+k$　イ　$2k^2+3k+1$

40　ユークリッドの互除法

例95　ア　13

116 (1) 21　(2) 11
(3) 13　(4) 15

41　不定方程式 (1)

例96　ア　5

117 (1) $x=4k,\ y=3k$　(kは整数)
(2) $x=5k,\ y=9k$　(kは整数)
(3) $x=5k,\ y=-2k$　(kは整数)
(4) $x=6k,\ y=-11k$　(kは整数)

42　不定方程式 (2)

例97　ア　4

例98　ア　$2k+1$　イ　$5k+2$

118 (1) $x=-2,\ y=3$
(2) $x=2,\ y=2$
(3) $x=4,\ y=-1$
(4) $x=2,\ y=3$

119 (1) $x=3k+1,\ y=17k+5$　(kは整数)
(2) $x=7k+2,\ y=-11k-3$　(kは整数)

43　不定方程式 (3)

例99　ア　5　イ　-7

120 $x=3,\ y=-8$

44　不定方程式 (4)

例100　ア　20　イ　28

121 $x=19k+9,\ y=-51k-24$　(kは整数)

確認問題 9

1 (1) 7　(2) 26　(3) 34

2 (1) $x=15k,\ y=8k$　(kは整数)
(2) $x=7k,\ y=-12k$　(kは整数)

3 (1) $x=7k-2,\ y=-3k+1$　(kは整数)
(2) $x=9k+3,\ y=7k+2$　(kは整数)

4 (1) $x=7,\ y=10$
(2) $x=37k+7,\ y=53k+10$　(kは整数)
(3) $x=37k+14,\ y=53k+20$　(kは整数)

45　相似を利用した測量, 三平方の定理の利用

例101　ア　3　イ　$\dfrac{16}{3}$

例102　ア　4.8

例103　ア　$\sqrt{5}$

122 (1) $x=3,\ y=\dfrac{10}{3}$　(2) $x=\dfrac{20}{7},\ y=\dfrac{21}{4}$

123 72 m

124 (1) $2\sqrt{3}$　(2) $\dfrac{5\sqrt{2}}{2}$

46　座標の考え方

例104
C B O A
−4 −3 −2 −1 0 1 2 3 4 x

例105　ア　2　イ　-3　ウ　-2
エ　3　オ　-2　カ　-3

例106　ア　3　イ　2　ウ　-4
エ　-3　オ　2　カ　4

125
B D O C A
−3 −2 −1 0 1 2 3 4 5 6 7 8 x

126 B(3, 2), C(−3, −2), D(−3, 2)

127 P(3, 2, 4), Q(3, 2, 0), R(0, 2, 4),
S(3, 0, 4), T(−3, 2, 4)

ステージノート数学A

●編　者　実教出版編修部
●発行者　小田　良次
●印刷所　寿印刷株式会社

●発行所　実教出版株式会社
〒102-8377
東京都千代田区五番町5
電話<営業>(03)3238-7777
<編修>(03)3238-7785
<総務>(03)3238-7700
https://www.jikkyo.co.jp/

002402022　ISBN 978-4-407-36027-1

ステージノート 数学A　解答編

実教出版編修部 編

第1章　場合の数と確率

1　集合（p.2）

例1

ア　1, 2, 3, 6, 9, 18

イ　−2, −1, 0, 1, 2, 3

例2

ア　⊃

例3

ア　2, 4　　**イ**　1, 2, 3, 4, 5, 6, 8, 10

ウ　∅

例4

ア　4, 5, 6　　**イ**　1, 2, 4, 5　　**ウ**　4, 5

エ　1, 2, 4, 5, 6　　**オ**　6

カ　1, 2, 3, 4, 5

1

(1)　$A=\{1,\ 2,\ 3,\ 4,\ 6,\ 12\}$

(2)　$B=\{-3,\ -2,\ -1,\ 0,\ 1\}$

2

$A \supset B$

3

(1)　$A\cap B=\{3,\ 5,\ 7\}$　　(2)　$A\cup B=\{1,\ 2,\ 3,\ 5,\ 7\}$

(3)　$A\cap C=\varnothing$

4

(1)　$\overline{A}=\{7,\ 8,\ 9,\ 10\}$　　(2)　$\overline{B}=\{1,\ 2,\ 3,\ 4,\ 9,\ 10\}$

(3)　$A\cap B=\{5,\ 6\}$ より

$\overline{A\cap B}=\{1,\ 2,\ 3,\ 4,\ 7,\ 8,\ 9,\ 10\}$

(4)　$A\cup B=\{1,\ 2,\ 3,\ 4,\ 5,\ 6,\ 7,\ 8\}$ より

$\overline{A\cup B}=\{9,\ 10\}$

(5)　$\overline{A}\cup B=\{5,\ 6,\ 7,\ 8,\ 9,\ 10\}$

(6)　$A\cap\overline{B}=\{1,\ 2,\ 3,\ 4\}$

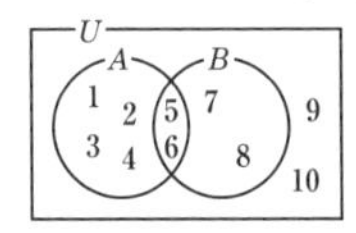

2　集合の要素の個数（p.4）

例5

ア　25

例6

ア　6

例7

ア　3　　**イ**　13

5

$A=\{6\times1,\ 6\times2,\ 6\times3,\ \cdots\cdots,\ 6\times11\}$

であるから　$n(A)=\mathbf{11}$ **(個)**

$B=\{7\times1,\ 7\times2,\ 7\times3,\ \cdots\cdots,\ 7\times10\}$

であるから　$n(B)=\mathbf{10}$ **(個)**

6

$n(A)=5,\ n(B)=5$

また，$A\cap B=\{1,\ 3,\ 5\}$ より

$n(A\cap B)=3$

よって

$n(A\cup B)=n(A)+n(B)-n(A\cap B)$

$=5+5-3=\mathbf{7}$

別解　$A\cup B=\{1,\ 2,\ 3,\ 4,\ 5,\ 7,\ 9\}$ より

$n(A\cup B)=\mathbf{7}$

7

80 以下の自然数のうち 6 の倍数の集合を A，8 の倍数の集合を B とすると

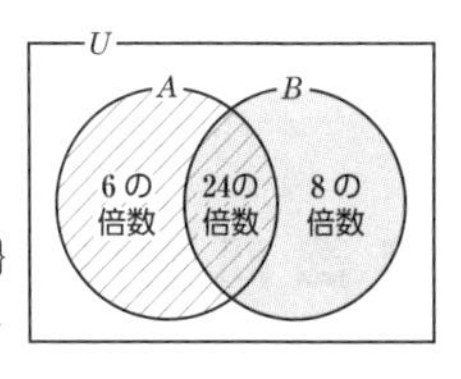

$A=\{6\times1,\ 6\times2,\ \cdots\cdots,\ 6\times13\}$

$B=\{8\times1,\ 8\times2,\ \cdots\cdots,\ 8\times10\}$

(1)　6 の倍数かつ 8 の倍数の集合は $A\cap B$ である。この集合は 6 と 8 の最小公倍数 24 の倍数の集合である。

$A\cap B=\{24\times1,\ 24\times2,\ 24\times3\}$

であるから，求める個数は　$n(A\cap B)=\mathbf{3}$ **(個)**

(2)　6 の倍数または 8 の倍数の集合は $A\cup B$ である。

$n(A)=13,\ n(B)=10$

であるから，求める個数は

$n(A\cup B)=n(A)+n(B)-n(A\cap B)$

$=13+10-3=\mathbf{20}$ **(個)**

3　補集合の要素の個数（p.6）

例8

ア　27

例9

ア　26　　**イ**　4

8

80 以下の自然数を全体集合 U とすると　$n(U)=80$

(1)　Uの部分集合で，8 で割り切れる数の集合をAとすると

$A=\{8\times1,\ 8\times2,\ 8\times3,\ \cdots\cdots,\ 8\times10\}$

より　$n(A)=10$

8 で割り切れない数の集合は $\overline{A}$ であるから，求める個数は

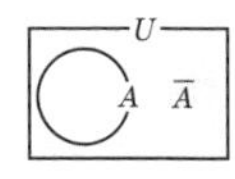

$n(\overline{A})=n(U)-n(A)=80-10=\mathbf{70}$ **(個)**

(2) Uの部分集合で，13で割り切れる数の集合をBとすると

$B=\{13\times1,\ 13\times2,\ 13\times3,\ \cdots\cdots,\ 13\times6\}$

より　$n(B)=6$

13で割り切れない数の集合は

$\overline{B}$であるから，求める個数は

$n(\overline{B})=n(U)-n(B)=80-6=$**74（個）**

9

生徒全体の集合を全体集合Uとし，その部分集合で，本aを読んだ生徒の集合をA，本bを読んだ生徒の集合をBとすると

$n(U)=100,\ n(A)=72,\ n(B)=60,\ n(A\cap B)=45$

(1) aまたはbを読んだ生徒の集合は

$A\cup B$と表されるから，求める生徒の人数は

$n(A\cup B)=n(A)+n(B)-n(A\cap B)$

$=72+60-45=$**87（人）**

(2) aもbも読んでいない生徒の集合は$\overline{A}\cap\overline{B}$である。

ド・モルガンの法則より

$\overline{A}\cap\overline{B}=\overline{A\cup B}$

であるから，求める生徒の人数は

$n(\overline{A}\cap\overline{B})=n(\overline{A\cup B})=n(U)-n(A\cup B)$

$=100-87=$**13（人）**

確認問題1 (p.8)

1

(1) $\boldsymbol{A=\{1,\ 2,\ 4,\ 8,\ 16\}}$

(2) $\boldsymbol{B=\{2,\ 3,\ 5,\ 7,\ 11,\ 13,\ 17,\ 19\}}$

2

$\boldsymbol{\varnothing,\ \{2\},\ \{4\},\ \{6\},\ \{2,\ 4\},\ \{2,\ 6\},\ \{4,\ 6\},\ \{2,\ 4,\ 6\}}$

3

(1) $A\cap B=\boldsymbol{\{3,\ 5,\ 7\}}$

(2) $A\cup B=\boldsymbol{\{1,\ 2,\ 3,\ 5,\ 7,\ 9\}}$

(3) $B\cap C=\boldsymbol{\varnothing}$

4

(1) $\overline{A}=\boldsymbol{\{2,\ 4,\ 6,\ 8,\ 10\}}$　(2) $\overline{B}=\boldsymbol{\{4,\ 5,\ 7,\ 8,\ 9,\ 10\}}$

(3) $\overline{A}\cap\overline{B}=\boldsymbol{\{4,\ 8,\ 10\}}$　(4) $\overline{A\cup B}=\boldsymbol{\{4,\ 8,\ 10\}}$

5

$A=\{5\times1,\ 5\times2,\ 5\times3,\ \cdots\cdots,\ 5\times14\}$

より　$n(A)=$**14（個）**

$B=\{8\times1,\ 8\times2,\ 8\times3,\ \cdots\cdots,\ 8\times8\}$

より　$n(B)=$**8（個）**

6

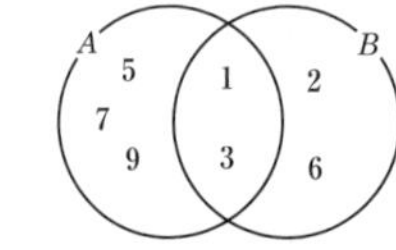

$n(A)=5,\ n(B)=4$

また，$A\cap B=\{1,\ 3\}$より

$n(A\cap B)=2$

よって

$n(A\cup B)=n(A)+n(B)-n(A\cap B)=5+4-2=\boldsymbol{7}$

別解　$A\cup B=\{1,\ 2,\ 3,\ 5,\ 6,\ 7,\ 9\}$より

$n(A\cup B)=\boldsymbol{7}$

7

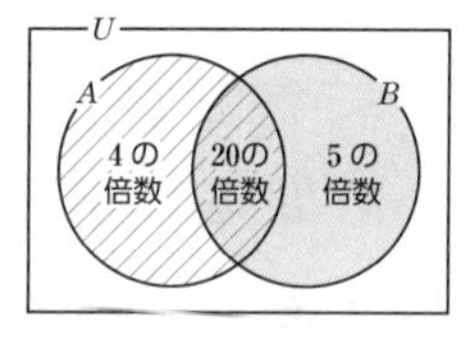

50以下の自然数のうち，4の倍数の集合をA，5の倍数の集合をBとすると

$A=\{4\times1,\ 4\times2,\ 4\times3,\ \cdots\cdots,\ 4\times12\}$

$B=\{5\times1,\ 5\times2,\ 5\times3,\ \cdots\cdots,\ 5\times10\}$

(1) 4の倍数かつ5の倍数の集合は$A\cap B$である。この集合は4と5の最小公倍数20の倍数の集合である。

$A\cap B=\{20\times1,\ 20\times2\}$

であるから，求める個数は　$n(A\cap B)=$**2（個）**

(2) 4の倍数または5の倍数の集合は$A\cup B$である。

$n(A)=12,\ n(B)=10$

であるから，求める個数は

$n(A\cup B)=n(A)+n(B)-n(A\cap B)$

$=12+10-2=$**20（個）**

8

60以下の自然数を全体集合Uとすると

$n(U)=60$

(1) Uの部分集合で，7で割り切れる数の集合をAとすると

$A=\{7\times1,\ 7\times2,\ 7\times3,\ \cdots\cdots,\ 7\times8\}$

より　$n(A)=8$

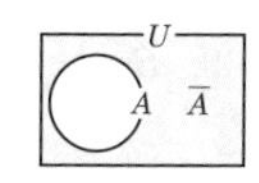

7で割り切れない数の集合は

$\overline{A}$であるから，求める個数は

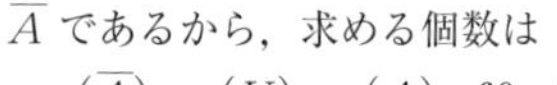

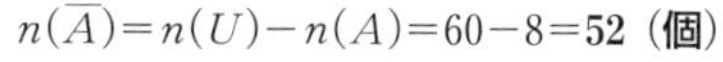

$n(\overline{A})=n(U)-n(A)=60-8=$**52（個）**

(2) Uの部分集合で，11で割り切れる数の集合をBとすると

$B=\{11\times1,\ 11\times2,\ 11\times3,\ 11\times4,\ 11\times5\}$

より　$n(B)=5$

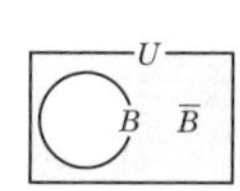

11で割り切れない数の集合は

$\overline{B}$であるから，求める個数は

$n(\overline{B})=n(U)-n(B)=60-5=$**55（個）**

9

生徒全体の集合を全体集合Uとし，その部分集合で，バスで通学する生徒の集合をA，電車で通学する生徒の集合をBとすると

$n(U)=80,\ n(A)=56,\ n(B)=64$

$n(A\cap B)=48$

(1) バスまたは電車で通学する生徒の集合は

$A\cup B$と表されるから，求める生徒の人数は

$n(A\cup B)=n(A)+n(B)-n(A\cap B)$

$=56+64-48=$**72（人）**

(2) バスも電車も使わずに通学する生徒の集合は

$\overline{A}\cap\overline{B}$である。ド・モルガンの法則より

$\overline{A}\cap\overline{B}=\overline{A\cup B}$

であるから，求める生徒の人数は

$n(\overline{A}\cap\overline{B})=n(\overline{A\cup B})=n(U)-n(A\cup B)$

$=80-72=$**8（人）**

4　樹形図・和の法則（p.10）

例10

ア　12

例11

ア　9

10

樹形図をかくと，次のようになる。

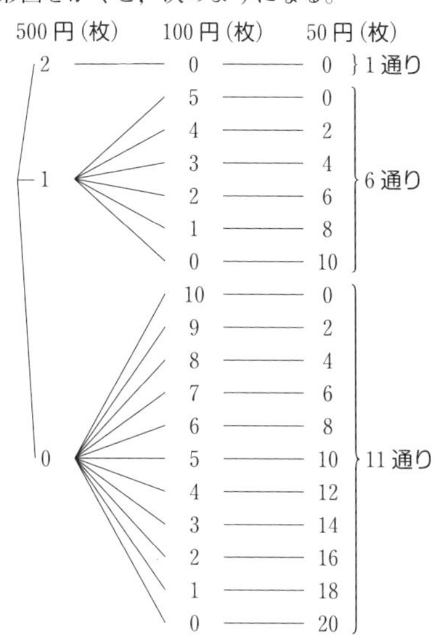

よって　$1+6+11=$**18（通り）**

11

1回目，2回目のさいころの目の和の表をつくると，右のようになる。

1回＼2回	1	2	3	4	5	6
1	2	3	4	5	6	7
2	3	4	5	6	7	8
3	4	5	6	7	8	9
4	5	6	7	8	9	10
5	6	7	8	9	10	11
6	7	8	9	10	11	12

(1)　3の倍数となる目の和は3，6，9，12であり，
3となるのは2通り，6となるのは5通り，9となるのは4通り，12となるのは1通りであるから，求める場合の数は，和の法則より
$2+5+4+1=$**12（通り）**

(2)　7以下となる目の和は2，3，4，5，6，7であり，それぞれ1，2，3，4，5，6通りあるから，求める場合の数は，和の法則より
$1+2+3+4+5+6=$**21（通り）**

5　積の法則（p.12）

例12

ア　12

例13

ア　216　　　　イ　8

例14

ア　12

12

パンの選び方は4通りあり，そのそれぞれについて，ドリンクの選び方が6通りずつあるから，求める場合の数は，積の法則より　$4\times6=$**24（通り）**

13

A高校からB高校への行き方は5通りあり，そのそれぞれについて，B高校からC高校への行き方が3通りずつあるから，求める場合の数は，積の法則より
$5\times3=$**15（通り）**

14

(1)　大，中のさいころの奇数の目の出方は　1，3，5
の3通りずつあり，小のさいころの2以上となる目の出方は　2，3，4，5，6
の5通りあるから，求める場合の数は，積の法則より
$3\times3\times5=$**45（通り）**

(2)　それぞれのさいころの5以上の目の出方は　5，6
の2通りずつあるから，求める場合の数は，積の法則より
$2\times2\times2=$**8（通り）**

15

(1)　$27=3^3$ より，正の約数は　$1,\ 3,\ 3^2,\ 3^3$ の**4個**

(2)　$96=2^5\times3$
ゆえに，96の正の約数は，2^5 の正の約数の1つと3の正の約数の1つの積で表される。2^5 の正の約数は $1,\ 2,\ 2^2,\ 2^3,\ 2^4,\ 2^5$ の6個あり，3の正の約数は1，3の2個ある。
よって，96の正の約数の個数は，積の法則より
$6\times2=$**12（個）**

6　順列(1)（p.14）

例15

ア　56　　　　イ　840

例16

ア　120

例17

ア　990

例18

ア　720

16

(1)　$_4P_2=4\cdot3=$**12**

(2)　$_5P_5=5!=5\cdot4\cdot3\cdot2\cdot1=$**120**

(3)　$_6P_5=6\cdot5\cdot4\cdot3\cdot2=$**720**

(4)　$_7P_1=$**7**

17

$_5P_3=5\cdot4\cdot3$
$=$**60（通り）**

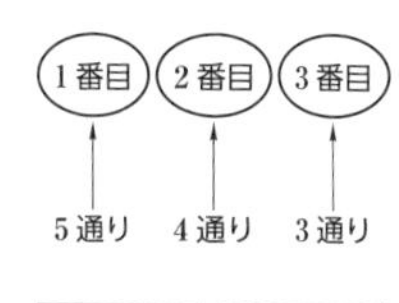

18

(1)　$_{12}P_2=12\cdot11$
$=$**132（通り）**

(2)　$_9P_3=9\cdot8\cdot7$
$=$**504（通り）**

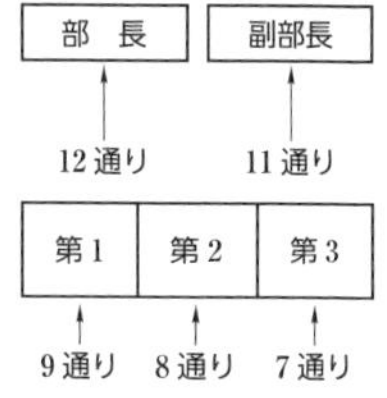

19

$_5P_5=5!$

$=5\cdot4\cdot3\cdot2\cdot1$

$=120$ **(通り)**

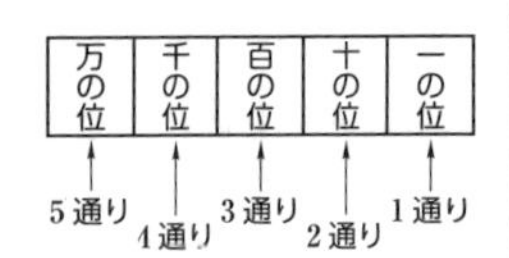

7 順列 (2) (p.16)

例 19

ア 168　　**イ** 294

例 20

ア 144　　**イ** 144

20

一の位のカードの並べ方は, 2, 4, 6 の 3 通りある。このそれぞれの場合について, 百の位, 十の位に残りの 5 枚のカードから 2 枚を選んで並べる並べ方は

$_5P_2=5\cdot4=20$ (通り) ずつある。

よって, 3 桁の偶数の総数は, 積の法則より

$3\times{}_5P_2=3\times5\cdot4=60$ **(通り)**

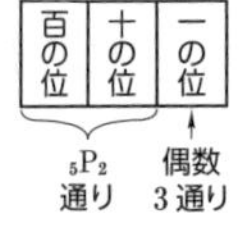

21

百の位のカードの並べ方は, 0 以外のカードの 6 通りある。このそれぞれの場合について, 十の位, 一の位に, 0 を含む残りの 6 枚のカードから 2 枚を選んで並べる並べ方は

$_6P_2=6\cdot5=30$ (通り) ずつある。

よって, 3 桁の整数の総数は, 積の法則より

$6\times{}_6P_2=6\times6\cdot5=180$ **(通り)**

22

(1) 女子 4 人のうち両端にくる女子 2 人の並び方は $_4P_2=4\cdot3=12$ (通り)

このそれぞれの場合について, 残りの 4 人が 1 列に並ぶ並び方は

$_4P_4=4!=4\cdot3\cdot2\cdot1=24$ (通り)

よって, 並び方の総数は, 積の法則より

$_4P_2\times4!=12\times24=288$ **(通り)**

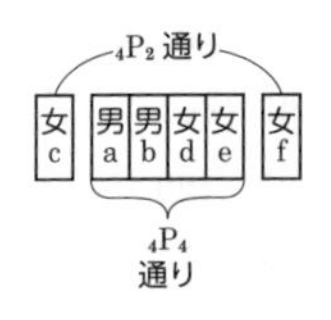

(2) 女子 4 人をひとまとめにして 1 人と考えると, 3 人が 1 列に並ぶ並び方は

$_3P_3=3!=3\cdot2\cdot1=6$ (通り)

このそれぞれの場合について, 女子 4 人の並び方は

$_4P_4=4!=4\cdot3\cdot2\cdot1=24$ (通り)

よって, 並び方の総数は, 積の法則より

$3!\times4!=6\times24=144$ **(通り)**

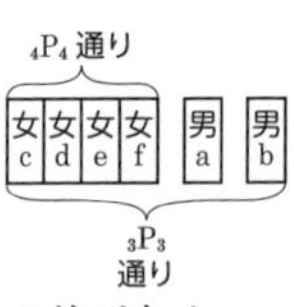

8 円順列・重複順列 (p.18)

例 21

ア 24

例 22

ア 16

23

(1) 異なる 7 個のものの円順列であるから, 座り方の総数は

$(7-1)!=6!=6\cdot5\cdot4\cdot3\cdot2\cdot1=720$ **(通り)**

(2) 異なる 4 個のものの円順列であるから, 塗り方の総数は

$(4-1)!=3!=3\cdot2\cdot1=6$ **(通り)**

24

(1) ○, × の 2 個のものから 6 個取る重複順列であるから, 記入の仕方の総数は

$2^6=64$ **(通り)**

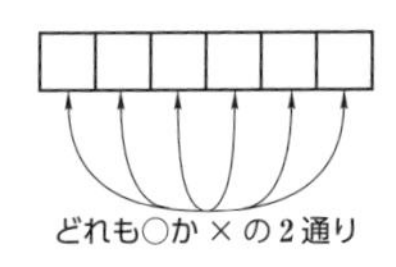

(2) 2 人を A, B とするとき, それぞれ 3 通りの出し方があるから, 3 個のものから 2 個取る重複順列である。

よって, 出し方の総数は

$3^2=9$ **(通り)**

A　B

2 人ともグー, チョキ, パーの 3 通り

(3) 各桁にそれぞれ 3 通りずつ入れ方があるから, 3 個のものから 5 個取る重複順列である。よって, 5 桁の整数の総数は

$3^5=243$ **(通り)**

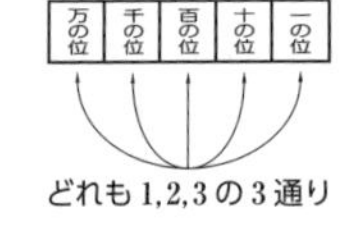

確 認 問 題 2 (p.20)

1

樹形図をかくと, 次のようになる。

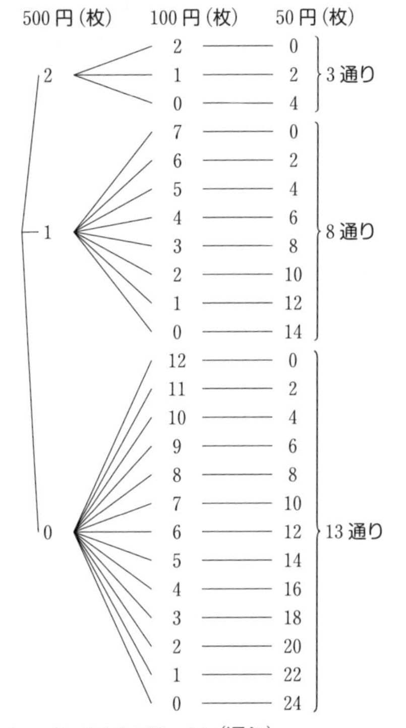

よって　$3+8+13=24$ **(通り)**

2

1回目，2回目のさいころの目の和の表をつくると，右のようになる。

1回＼2回	1	2	3	4	5	6
1	2	3	4	5	6	7
2	3	4	5	6	7	8
3	4	5	6	7	8	9
4	5	6	7	8	9	10
5	6	7	8	9	10	11
6	7	8	9	10	11	12

(1)　4の倍数となる目の和は4，8，12であり，4となるのは3通り，8となるのは5通り，12となるのは1通りであるから，求める場合の数は，和の法則より　$3+5+1=\mathbf{9}$ **(通り)**

(2)　5以下となる目の和は2，3，4，5であり，それぞれ1，2，3，4通りあるから，求める場合の数は，和の法則より

$1+2+3+4=\mathbf{10}$ **(通り)**

3

色の選び方は5通りあり，そのそれぞれについて，装飾の選び方が3通りずつあるから，求める場合の数は，積の法則より　$5\times3=\mathbf{15}$ **(通り)**

4

(1)　$32=2^5$ より，正の約数は

$1,\ 2,\ 2^2,\ 2^3,\ 2^4,\ 2^5$ の**6個**

(2)　$54=2\times3^3$

ゆえに，54の正の約数は，2の正の約数の1つと 3^3 の正の約数の1つの積で表される。2の正の約数は1，2の2個あり，3^3 の正の約数は1，3，3^2，3^3 の4個ある。

よって，54の正の約数の個数は，積の法則より

$2\times4=\mathbf{8}$ **(個)**

5

(1)　${}_6P_2=6\cdot5=\mathbf{30}$

(2)　${}_5P_1=\mathbf{5}$

(3)　${}_5P_4=5\cdot4\cdot3\cdot2=\mathbf{120}$

6

${}_7P_4=7\cdot6\cdot5\cdot4=\mathbf{840}$ **(通り)**

7

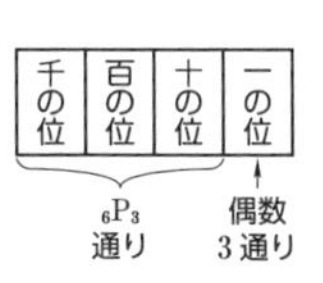

一の位のカードの並べ方は，2，4，6の3通りある。このそれぞれの場合について，千の位，百の位，十の位に残りの6枚のカードから3枚を選んで並べる並べ方は ${}_6P_3=6\cdot5\cdot4=120$ (通り) ずつある。

よって，4桁の偶数の総数は，積の法則より

$3\times{}_6P_3=3\times120=\mathbf{360}$ **(通り)**

8

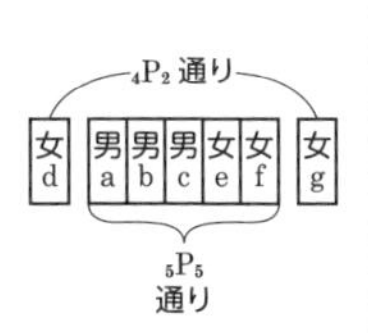

(1)　女子4人のうち両端にくる女子2人の並び方は ${}_4P_2=4\cdot3=12$ (通り)

このそれぞれの場合について，残りの5人が並ぶ並び方は

${}_5P_5=5!=5\cdot4\cdot3\cdot2\cdot1=120$ (通り)

よって，並び方の総数は，積の法則より

${}_4P_2\times5!=12\times120=\mathbf{1440}$ **(通り)**

(2)　女子4人をひとまとめにして1人と考えると，4人が1列に並ぶ並び方は

${}_4P_4=4!=4\cdot3\cdot2\cdot1=24$ (通り)

このそれぞれの場合について，女子4人の並び方は

${}_4P_4=4!=4\cdot3\cdot2\cdot1=24$ (通り)

よって，並び方の総数は，積の法則より

$4!\times4!=24\times24=\mathbf{576}$ **(通り)**

9

(1)　異なる8個のものの円順列であるから，座り方の総数は

$(8-1)!=7!=7\cdot6\cdot5\cdot4\cdot3\cdot2\cdot1=\mathbf{5040}$ **(通り)**

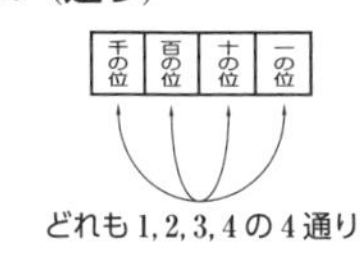

(2)　各桁にそれぞれ4通りずつ入れ方があるから，4個のものから4個取る重複順列である。よって，4桁の整数の総数は

$4^4=\mathbf{256}$ **(通り)**

9　組合せ (1) (p.22)

例23

ア　28　　イ　15

例24

ア　21

例25

ア　8

例26

ア　35

25

(1)　${}_5C_2=\dfrac{5\cdot4}{2\cdot1}=\mathbf{10}$

(2)　${}_6C_3=\dfrac{6\cdot5\cdot4}{3\cdot2\cdot1}=\mathbf{20}$

(3)　${}_{11}C_1=\dfrac{11}{1}=\mathbf{11}$

(4)　${}_7C_7=\dfrac{7\cdot6\cdot5\cdot4\cdot3\cdot2\cdot1}{7\cdot6\cdot5\cdot4\cdot3\cdot2\cdot1}=\mathbf{1}$

26

(1)　10個のものから5個取る組合せであるから

${}_{10}C_5=\dfrac{10\cdot9\cdot8\cdot7\cdot6}{5\cdot4\cdot3\cdot2\cdot1}=\mathbf{252}$ **(通り)**

(2)　12個のものから4個取る組合せであるから

${}_{12}C_4=\dfrac{12\cdot11\cdot10\cdot9}{4\cdot3\cdot2\cdot1}=\mathbf{495}$ **(通り)**

27

(1)　${}_8C_6={}_8C_2=\dfrac{8\cdot7}{2\cdot1}=\mathbf{28}$

(2)　${}_{10}C_9={}_{10}C_1=\dfrac{10}{1}=\mathbf{10}$

(3)　${}_{12}C_9={}_{12}C_3=\dfrac{12\cdot11\cdot10}{3\cdot2\cdot1}=\mathbf{220}$

(4)　${}_{14}C_{12}={}_{14}C_2=\dfrac{14\cdot13}{2\cdot1}=\mathbf{91}$

28

三角形の個数は，5 個の頂点から 3 個取る組合せの総数に等しい。

よって　$_5C_3 = {}_5C_2 = \frac{5 \cdot 4}{2 \cdot 1} = \mathbf{10}$ **(個)**

10　組合せ (2) (p.24)

例 27

ア　12

例 28

ア　20　　**イ**　10

29

(1)　男子 7 人から 2 人を選ぶ選び方は $_7C_2$ 通り，このそれぞれの場合について，女子 5 人から 3 人を選ぶ選び方は $_5C_3$ 通りずつある。
よって，選び方の総数は，積の法則より
$_7C_2 \times {}_5C_3 = 21 \times 10 = \mathbf{210}$ **(通り)**

(2)　1 から 9 の中に，奇数は 1, 3, 5, 7, 9 の 5 つ，偶数は 2, 4, 6, 8 の 4 つが含まれる。よって，奇数を 2 枚選ぶ選び方は $_5C_2$ 通り，このそれぞれの場合について，偶数を 2 枚選ぶ選び方は $_4C_2$ 通りずつある。
よって，選び方の総数は，積の法則より
$_5C_2 \times {}_4C_2 = 10 \times 6 = \mathbf{60}$ **(通り)**

30

(1)　8 人から A に入る 4 人を選ぶ選び方は $_8C_4$ 通り，このそれぞれの場合について，残りの 4 人は B に入る。
よって，求める分け方の総数は
$_8C_4 \times {}_4C_4 = \frac{8 \cdot 7 \cdot 6 \cdot 5}{4 \cdot 3 \cdot 2 \cdot 1} \times 1 = \mathbf{70}$ **(通り)**

(2)　4 人ずつ 2 組に分けることは，(1)で A，B の部屋の区別をなくすことである。このとき，同じ組分けになるものが，それぞれ 2! 通りずつあるから
$\frac{70}{2!} = \mathbf{35}$ **(通り)**

11　同じものを含む順列 (p.26)

例 29

ア　1260

例 30

ア　126　　**イ**　6

ウ　10　　**エ**　60

31

7 枚のカードの中に，[1]が 3 枚，[2]が 2 枚，[3]が 2 枚あるときの順列であるから，並べ方の総数は

$\frac{7!}{3!2!2!} = \mathbf{210}$ **(通り)**

別解　7 か所から 3 か所を選んで[1]を並べ，残りの 4 か所から 2 か所を選んで[2]を並べ，残りの 2 か所に[3]を並べる並べ方であるから，並べ方の総数は

$_7C_3 \times {}_4C_2 \times {}_2C_2 = 35 \times 6 \times 1 = \mathbf{210}$ **(通り)**

32

8 個の文字の中に a が 4 個，b が 2 個，c が 2 個あるときの順列であるから，並べ方の総数は

$\frac{8!}{4!2!2!} = \mathbf{420}$ **(通り)**

別解　8 か所から 4 か所を選んで a を並べ，残りの 4 か所から 2 か所を選んで b を並べ，残りの 2 か所に c を並べる並べ方であるから，並べ方の総数は

$_8C_4 \times {}_4C_2 \times {}_2C_2 = 70 \times 6 \times 1 = \mathbf{420}$ **(通り)**

33

(1)　右へ 1 区画進むことを a，上へ 1 区画進むことを b と表すと，求める道順の総数は，6 個の a と 3 個の b を 1 列に並べる順列の総数に等しい。
よって，求める道順の総数は　$\frac{9!}{6!3!} = \mathbf{84}$ **(通り)**

別解　9 区画の中から，右へ進む 6 区画をどこにするか選べば，最短経路が 1 つ決まる。
よって，求める道順の総数は

$_9C_6 = {}_9C_3 = \frac{9 \cdot 8 \cdot 7}{3 \cdot 2 \cdot 1} = \mathbf{84}$ **(通り)**

(2)　A から B への道順の総数は $\frac{3!}{2!1!}$ 通り，B から C への道順の総数は $\frac{6!}{4!2!}$ 通り。よって，求める道順の総数は
$\frac{3!}{2!1!} \times \frac{6!}{4!2!} = 3 \times 15 = \mathbf{45}$ **(通り)**

確認問題 3 (p.28)

1

(1)　$_4C_2 = \frac{4 \cdot 3}{2 \cdot 1} = \mathbf{6}$

(2)　$_{10}C_3 = \frac{10 \cdot 9 \cdot 8}{3 \cdot 2 \cdot 1} = \mathbf{120}$

(3)　$_6C_1 = \frac{6}{1} = \mathbf{6}$

(4)　$_5C_5 = \frac{5 \cdot 4 \cdot 3 \cdot 2 \cdot 1}{5 \cdot 4 \cdot 3 \cdot 2 \cdot 1} = \mathbf{1}$

(5)　$_{11}C_{10} = {}_{11}C_1 = \frac{11}{1} = \mathbf{11}$

(6)　$_9C_7 = {}_9C_2 = \frac{9 \cdot 8}{2 \cdot 1} = \mathbf{36}$

2

(1)　8 個のものから 3 個取る組合せであるから
$_8C_3 = \frac{8 \cdot 7 \cdot 6}{3 \cdot 2 \cdot 1} = \mathbf{56}$ **(通り)**

(2)　12 個のものから 5 個取る組合せであるから
$_{12}C_5 = \frac{12 \cdot 11 \cdot 10 \cdot 9 \cdot 8}{5 \cdot 4 \cdot 3 \cdot 2 \cdot 1} = \mathbf{792}$ **(通り)**

3

三角形の個数は，9 個の頂点から 3 個取る組合せの総数に等しい。

よって　$_9C_3 = \frac{9 \cdot 8 \cdot 7}{3 \cdot 2 \cdot 1} = \mathbf{84}$ **(個)**

4

男子6人から2人を選ぶ選び方は ${}_6C_2$ 通り，このそれぞれの場合について，女子3人から1人を選ぶ選び方は ${}_3C_1$ 通りずつある。
よって，選び方の総数は，積の法則より

${}_6C_2 \times {}_3C_1 = 15 \times 3 = \mathbf{45}$ **（通り）**

5

(1) 10人からAに入る5人を選ぶ選び方は ${}_{10}C_5$ 通り，このそれぞれの場合について，残りの5人はBに入る。
よって，求める分け方の総数は

$${}_{10}C_5 \times {}_5C_5 = \frac{10 \cdot 9 \cdot 8 \cdot 7 \cdot 6}{5 \cdot 4 \cdot 3 \cdot 2 \cdot 1} \times 1 = \mathbf{252}\ \text{（通り）}$$

(2) 5人ずつ2組に分けることは，(1)でA，Bの部屋の区別をなくすことである。このとき，同じ組分けになるものが，それぞれ $2!$ 通りずつあるから

$$\frac{252}{2!} = \mathbf{126}\ \text{（通り）}$$

6

7個の文字の中に a が2個，b が3個，c が2個あるときの順列であるから，並べ方の総数は

$$\frac{7!}{2!3!2!} = \mathbf{210}\ \text{（通り）}$$

別解　7か所から2か所を選んで a を並べ，残りの5か所から3か所を選んで b を並べ，残りの2か所に c を並べる並べ方であるから，並べ方の総数は

${}_7C_2 \times {}_5C_3 \times {}_2C_2 = 21 \times 10 \times 1 = \mathbf{210}$ **（通り）**

7

(1) 右へ1区画進むことを a，上へ1区画進むことを b と表すと，求める道順の総数は，5個の a と4個の b を1列に並べる順列の総数に等しい。

よって，求める道順の総数は　$\dfrac{9!}{5!4!} = \mathbf{126}$ **（通り）**

別解　9区画のうち右へ進む5区画をどこにするか選べば，最短経路が1つ決まる。
よって，求める道順の総数は

$${}_9C_5 = {}_9C_4 = \frac{9 \cdot 8 \cdot 7 \cdot 6}{4 \cdot 3 \cdot 2 \cdot 1} = \mathbf{126}\ \text{（通り）}$$

(2) AからBへの道順の総数は $\dfrac{5!}{2!3!}$ 通り，BからCへの道順の総数は $\dfrac{4!}{3!1!}$ 通り。よって，求める道順の総数は

$$\frac{5!}{2!3!} \times \frac{4!}{3!1!} = 10 \times 4 = \mathbf{40}\ \text{（通り）}$$

12　試行と事象・事象の確率（p.30）

例 31

ア　3

例 32

ア　$\dfrac{2}{3}$

例 33

ア　$\dfrac{4}{7}$

34

全事象　$\boldsymbol{U = \{1,\ 2,\ 3,\ 4,\ 5\}}$

根元事象　$\boldsymbol{\{1\},\ \{2\},\ \{3\},\ \{4\},\ \{5\}}$

35

全事象は　$U = \{1,\ 2,\ 3,\ 4,\ 5,\ 6\}$

ゆえに　$n(U) = 6$

(1) 「3の倍数の目が出る」事象を A とすると，

$A = \{3,\ 6\}$ より　$n(A) = 2$

よって　$P(A) = \dfrac{n(A)}{n(U)} = \dfrac{2}{6} = \mathbf{\dfrac{1}{3}}$

(2) 「3より小さい目が出る」事象を B とすると，

$B = \{1,\ 2\}$ より　$n(B) = 2$

よって　$P(B) = \dfrac{n(B)}{n(U)} = \dfrac{2}{6} = \mathbf{\dfrac{1}{3}}$

36

$n(U) = 90$

(1) 「3の倍数のカードを引く」事象を A とすると

$A = \{3 \times 4,\ 3 \times 5,\ 3 \times 6,\ \cdots\cdots,\ 3 \times 33\}$

より　$n(A) = 30$

よって　$P(A) = \dfrac{n(A)}{n(U)} = \dfrac{30}{90} = \mathbf{\dfrac{1}{3}}$

(2) 「引いたカードの十の位の数と一の位の数の和が7である」事象を B とすると

$B = \{16,\ 25,\ 34,\ 43,\ 52,\ 61,\ 70\}$

より　$n(B) = 7$

よって　$P(B) = \dfrac{n(B)}{n(U)} = \mathbf{\dfrac{7}{90}}$

37

「白球を取り出す」事象を A とすると

$n(U) = 8,\ n(A) = 5$

よって　$P(A) = \dfrac{n(A)}{n(U)} = \mathbf{\dfrac{5}{8}}$

13　いろいろな事象の確率（1）（p.32）

例 34

ア　$\dfrac{1}{2}$

例 35

ア　$\dfrac{5}{36}$　　　**イ**　$\dfrac{1}{6}$

38

$n(U) = 2^2 = 4$

「2枚とも裏が出る」事象を A とすると，$n(A) = 1$ より

$P(A) = \dfrac{n(A)}{n(U)} = \mathbf{\dfrac{1}{4}}$

39

$n(U) = 2^3 = 8$

(1) 「3枚とも表が出る」事象を A とすると，$n(A) = 1$ より

$P(A) = \dfrac{n(A)}{n(U)} = \mathbf{\dfrac{1}{8}}$

(2) 「2枚だけ表が出る」事象を B とすると，$n(B)$ は3個から2個取る組合せの総数であり　$n(B) = {}_3C_2 = 3$

よって　$P(B)=\frac{n(B)}{n(U)}=\frac{3}{8}$

40

大小2個のさいころの目の出方は全部で

$6\times6=36$（通り）

大＼小	1	2	3	4	5	6
1	2	3	4	5	6	7
2	3	4	5	6	7	8
3	4	5	6	7	8	9
4	5	6	7	8	9	10
5	6	7	8	9	10	11
6	7	8	9	10	11	12

(1)　目の和が5になるのは (1, 4), (2, 3), (3, 2), (4, 1) の4通りである。

よって，求める確率は　$\frac{4}{36}=\mathbf{\frac{1}{9}}$

(2)　目の和が6以下になるのは (1, 1), (1, 2), (1, 3), (1, 4), (1, 5), (2, 1), (2, 2), (2, 3), (2, 4), (3, 1), (3, 2), (3, 3), (4, 1), (4, 2), (5, 1) の15通りである。

よって，求める確率は　$\frac{15}{36}=\mathbf{\frac{5}{12}}$

14　いろいろな事象の確率 (2) (p.34)

例36

ア　$\mathbf{\frac{1}{20}}$

例37

ア　$\mathbf{\frac{9}{20}}$

41

5人全員の走る順番の総数は　${}_5P_5=5!$（通り）

aが2番目，bが4番目になる場合は，a，b以外の3人の並び方の総数だけあるから

${}_3P_3=3!$（通り）

よって，求める確率は　$\frac{3!}{5!}=\frac{3\cdot2\cdot1}{5\cdot4\cdot3\cdot2\cdot1}=\mathbf{\frac{1}{20}}$

42

6人が1列に並ぶ並び方の総数は　${}_6P_6=6!$（通り）

左から1番目がa，3番目がb，5番目がcになる場合は，a，b，c以外の3人の並び方の総数だけあるから

${}_3P_3=3!$（通り）

よって，求める確率は　$\frac{3!}{6!}=\frac{3\cdot2\cdot1}{6\cdot5\cdot4\cdot3\cdot2\cdot1}=\mathbf{\frac{1}{120}}$

43

7個の球から3個の球を同時に取り出す取り出し方は

${}_7C_3=35$（通り）

(1)　赤球3個を取り出す取り出し方は　${}_4C_3=4$（通り）

よって，求める確率は　$\mathbf{\frac{4}{35}}$

(2)　赤球2個，白球1個を取り出す取り出し方は

${}_4C_2\times{}_3C_1=6\times3=18$（通り）

よって，求める確率は　$\mathbf{\frac{18}{35}}$

15　確率の基本性質 (1) (p.36)

例38

ア　**1, 3, 4, 5, 6**

例39

ア　**排反**

例40

ア　$\mathbf{\frac{1}{4}}$

44

$A=\{2,\ 4,\ 6\}$，$B=\{2,\ 3,\ 5\}$ より，

$A\cap B=\mathbf{\{2\}}$

$A\cup B=\mathbf{\{2,\ 3,\ 4,\ 5,\ 6\}}$

45

$A=\{2,\ 4,\ 6,\ 8,\ 10,\ \cdots\cdots,\ 30\}$

$B=\{5,\ 10,\ 15,\ 20,\ 25,\ 30\}$

$C=\{1,\ 2,\ 3,\ 4,\ 6,\ 8,\ 12,\ 24\}$

より，$A\cap B\neq\emptyset$，$A\cap C\neq\emptyset$，$B\cap C=\emptyset$

よって，**B と C** が互いに排反である。

46

(1)　「1等が当たる」事象を A，「2等が当たる」事象を B とすると，事象 A と B は互いに排反である。

よって，求める確率は

$P(A\cup B)=P(A)+P(B)$

$=\frac{1}{20}+\frac{2}{20}=\mathbf{\frac{3}{20}}$

(2)　「4等が当たる」事象を C，「はずれる」事象を D とすると，事象 C，D は互いに排反である。

よって，求める確率は

$P(C\cup D)=P(C)+P(D)$

$=\frac{4}{20}+\frac{10}{20}=\frac{14}{20}=\mathbf{\frac{7}{10}}$

16　確率の基本性質 (2) (p.38)

例41

ア　$\mathbf{\frac{3}{7}}$

例42

ア　$\mathbf{\frac{12}{25}}$

47

8人から3人の委員を選ぶ選び方は　${}_8C_3=56$（通り）

「3人とも男子が選ばれる」事象を A，「3人とも女子が選ばれる」事象を B とすると

$P(A)=\frac{{}_3C_3}{{}_8C_3}=\frac{1}{56}$

$P(B)=\frac{{}_5C_3}{{}_8C_3}=\frac{10}{56}$

「3人とも男子または3人とも女子が選ばれる」事象は，A と B の和事象 $A\cup B$ であり，A と B は互いに排反である。よって，求める確率は

$P(A\cup B)=P(A)+P(B)$

$=\frac{1}{56}+\frac{10}{56}=\mathbf{\frac{11}{56}}$

48

カードの引き方は全部で 100 通り。

引いたカードの番号が「4 の倍数である」事象を A,「6 の倍数である」事象を B とすると

$A=\{4\times1,\ 4\times2,\ 4\times3,\ \cdots\cdots,\ 4\times25\}$

$B=\{6\times1,\ 6\times2,\ 6\times3,\ \cdots\cdots,\ 6\times16\}$

積事象 $A\cap B$ は，4 と 6 の最小公倍数 12 の倍数である事象であるから

$A\cap B=\{12\times1,\ 12\times2,\ 12\times3,\ \cdots\cdots,\ 12\times8\}$

ゆえに　$n(A)=25,\ n(B)=16,\ n(A\cap B)=8$

よって

$$P(A)=\frac{25}{100},\ P(B)=\frac{16}{100},\ P(A\cap B)=\frac{8}{100}$$

したがって，求める確率は

$$P(A\cup B)=P(A)+P(B)-P(A\cap B)$$
$$=\frac{25}{100}+\frac{16}{100}-\frac{8}{100}=\mathbf{\frac{33}{100}}$$

17　余事象とその確率（p.40）

例 43

ア　$\mathbf{\frac{2}{3}}$

例 44

ア　$\mathbf{\frac{13}{14}}$

49

引いたカードの番号が「5 の倍数である」事象を A とすると，「5 の倍数でない」事象は，事象 A の余事象 $\overline{A}$ である。

$A=\{5\times1,\ 5\times2,\ 5\times3,\ \cdots\cdots,\ 5\times6\}$ より

$$P(A)=\frac{6}{30}=\frac{1}{5}$$

よって，求める確率は

$$P(\overline{A})=1-P(A)=1-\frac{1}{5}=\mathbf{\frac{4}{5}}$$

50

「少なくとも 1 個は白球である」事象を A とすると，事象 A の余事象 $\overline{A}$ は「3 個とも赤球である」事象である。球は全部で 9 個であり，この中から 3 個の球を取り出す取り出し方は　${}_9C_3=84$（通り）

このうち，3 個とも赤球になる取り出し方は

${}_4C_3=4$（通り）

よって，事象 $\overline{A}$ が起こる確率 $P(\overline{A})$ は

$$P(\overline{A})=\frac{{}_4C_3}{{}_9C_3}=\frac{4}{84}=\frac{1}{21}$$

したがって，求める確率は

$$P(A)=1-P(\overline{A})=1-\frac{1}{21}=\mathbf{\frac{20}{21}}$$

51

「少なくとも 1 本は当たる」事象を A とすると，事象 A の余事象 $\overline{A}$ は「4 本ともはずれる」事象である。くじは全部で 12 本であり，この中から 4 本のくじを引く引き方は

${}_{12}C_4=495$（通り）

このうち，4 本ともはずれる引き方は

${}_9C_4=126$（通り）

よって，事象 $\overline{A}$ が起こる確率 $P(\overline{A})$ は

$$P(\overline{A})=\frac{{}_9C_4}{{}_{12}C_4}=\frac{126}{495}=\frac{14}{55}$$

したがって，求める確率は

$$P(A)=1-P(\overline{A})=1-\frac{14}{55}=\mathbf{\frac{41}{55}}$$

確認問題 4（p.42）

1

全事象　$\mathbf{U=\{1,\ 2,\ 3,\ 4,\ 5,\ 6,\ 7,\ 8,\ 9\}}$

根元事象　**{1}，{2}，{3}，{4}，{5}，{6}，{7}，{8}，{9}**

2

全事象　$U=\{1,\ 2,\ 3,\ 4,\ 5,\ 6\}$

より　$n(U)=6$

(1)「4 の約数の目が出る」事象を A とすると，

$A=\{1,\ 2,\ 4\}$ より　$n(A)=3$

よって　$P(A)=\frac{n(A)}{n(U)}=\frac{3}{6}=\mathbf{\frac{1}{2}}$

(2)「2 より大きい目が出る」事象を B とすると，

$B=\{3,\ 4,\ 5,\ 6\}$ より　$n(B)=4$

よって　$P(B)=\frac{n(B)}{n(U)}=\frac{4}{6}=\mathbf{\frac{2}{3}}$

3

$n(U)=2^3=8$

「3 枚とも裏が出る」事象を A とすると，$n(A)=1$ より

$$P(A)=\frac{n(A)}{n(U)}=\mathbf{\frac{1}{8}}$$

4

$n(U)=6\times6=36$

(1) 目の和が 10 になるのは，(4, 6)，(5, 5)，(6, 4) の 3 通りである。

よって，求める確率は　$\frac{3}{36}=\mathbf{\frac{1}{12}}$

(2) 目の和が偶数になるのは，2 回とも偶数の目が出るか，2 回とも奇数の目が出る場合である。それらの場合は

$3\times3+3\times3=18$（通り）

よって，求める確率は　$\frac{18}{36}=\mathbf{\frac{1}{2}}$

5

8 個の球から 3 個の球を同時に取り出す取り出し方は

${}_8C_3=56$（通り）

赤球 1 個，白球 2 個を取り出す取り出し方は

${}_5C_1\times{}_3C_2=5\times3=15$（通り）

よって，求める確率は　$\mathbf{\frac{15}{56}}$

6

$A=\{2,\ 4,\ 6,\ 8\}$，$B=\{2,\ 3,\ 5,\ 7\}$ より

$\mathbf{A\cap B=\{2\}}$

$\mathbf{A\cup B=\{2,\ 3,\ 4,\ 5,\ 6,\ 7,\ 8\}}$

7

カードの引き方は全部で 100 通り。

引いたカードの番号が「8 の倍数である」事象を A,「12 の倍数である」事象を B とすると

$A=\{8\times1,\ 8\times2,\ 8\times3,\ \cdots\cdots,\ 8\times12\}$

$B=\{12\times1,\ 12\times2,\ 12\times3,\ \cdots\cdots,\ 12\times8\}$

積事象 $A\cap B$ は，24 の倍数である事象であるから

$A\cap B=\{24\times1,\ 24\times2,\ 24\times3,\ 24\times4\}$

ゆえに　$n(A)=12$，$n(B)=8$，$n(A\cap B)=4$

よって　$P(A)=\frac{12}{100}$，$P(B)=\frac{8}{100}$，$P(A\cap B)=\frac{4}{100}$

したがって，求める確率は

$$P(A\cup B)=P(A)+P(B)-P(A\cap B)$$
$$=\frac{12}{100}+\frac{8}{100}-\frac{4}{100}=\frac{16}{100}=\mathbf{\frac{4}{25}}$$

8

カードの引き方は全部で 50 通り。

引いたカードの番号が「7 の倍数である」事象を A とすると，「7 の倍数でない」事象は，事象 A の余事象 $\overline{A}$ である。

$A=\{7\times1,\ 7\times2,\ 7\times3,\ \cdots\cdots,\ 7\times7\}$ より

$P(A)=\frac{7}{50}$

よって，求める確率は

$$P(\overline{A})=1-P(A)=1-\frac{7}{50}=\mathbf{\frac{43}{50}}$$

9

「少なくとも 1 個は白球である」事象を A とすると，事象 A の余事象 $\overline{A}$ は「2 個とも赤球である」事象である。球は全部で 10 個であり，この中から 2 個の球を取り出す取り出し方は　${}_{10}C_2=45$（通り）

このうち，2 個とも赤球になる取り出し方は

${}_5C_2=10$（通り）

よって，事象 $\overline{A}$ が起こる確率 $P(\overline{A})$ は

$$P(\overline{A})=\frac{{}_5C_2}{{}_{10}C_2}=\frac{10}{45}=\frac{2}{9}$$

したがって，求める確率は

$$P(A)=1-P(\overline{A})=1-\frac{2}{9}=\mathbf{\frac{7}{9}}$$

18　独立な試行の確率・反復試行の確率（p.44）

例 45

ア　$\frac{1}{6}$

例 46

ア　$\frac{1}{24}$

例 47

ア　$\frac{3}{8}$

52

これら 2 つの試行は，互いに独立である。

さいころで 3 以上の目が出る確率は　$\frac{4}{6}$

硬貨で裏が出る確率は　$\frac{1}{2}$

よって，求める確率は　$\frac{4}{6}\times\frac{1}{2}=\mathbf{\frac{1}{3}}$

53

各回の試行は，互いに独立である。

(1)　1 回目に 1 の目が出る確率は $\frac{1}{6}$，2 回目に 2 の倍数の目が出る確率は $\frac{3}{6}$，3 回目に 3 以上の目が出る確率は $\frac{4}{6}$

よって，求める確率は　$\frac{1}{6}\times\frac{3}{6}\times\frac{4}{6}=\mathbf{\frac{1}{18}}$

(2)　1 回目に 6 の約数の目が出る確率は $\frac{4}{6}$，2 回目に 3 の倍数の目が出る確率は $\frac{2}{6}$，3 回目に 2 以下の目が出る確率は $\frac{2}{6}$

よって，求める確率は　$\frac{4}{6}\times\frac{2}{6}\times\frac{2}{6}=\mathbf{\frac{2}{27}}$

54

1 枚の硬貨を 1 回投げるとき，表が出る確率は $\frac{1}{2}$

また，6 回のうち表が 2 回出るとき，残りの 4 回は裏である。

よって，求める確率は

$${}_6C_2\left(\frac{1}{2}\right)^2\left(1-\frac{1}{2}\right)^4=15\times\frac{1}{4}\times\frac{1}{16}=\mathbf{\frac{15}{64}}$$

19　条件つき確率と乗法定理（p.46）

例 48

ア　$\frac{4}{11}$　　**イ**　$\frac{4}{7}$

例 49

ア　$\frac{2}{7}$　　**イ**　$\frac{3}{28}$

55

(1)　$P_A(B)=\frac{n(A\cap B)}{n(A)}=\frac{9}{9+11}=\mathbf{\frac{9}{20}}$

(2)　$P_B(A)=\frac{n(B\cap A)}{n(B)}=\frac{9}{14+9}=\mathbf{\frac{9}{23}}$

56

「a が当たる」事象を A,「b が当たる」事象を B とする。

(1)　求める確率は $P_A(B)$ であるから

$P_A(B)=\frac{4-1}{10-1}=\frac{3}{9}=\mathbf{\frac{1}{3}}$

(2)「2 人とも当たる」事象は $A\cap B$ であるから，2 人とも当たる確率は $P(A\cap B)$ である。

$P(A)=\frac{4}{10}$, $P_A(B)=\frac{1}{3}$ であるから，求める確率は，乗法定理より

$$P(A\cap B)=P(A)\times P_A(B)$$
$$=\frac{4}{10}\times\frac{1}{3}=\frac{4}{30}=\mathbf{\frac{2}{15}}$$

57

(1) 「1個目に赤球が出る」事象を A,「2個目に白球が出る」事象を B とすると，求める確率は $P_A(B)$ である。

1個目に赤球が出たとき，袋には赤球2個と白球5個が残っている。

よって　$P_A(B)=\frac{5}{8-1}=\mathbf{\frac{5}{7}}$

(2) 「1個目に赤球が出て，2個目に白球が出る」事象は $A\cap B$ であるから

求める確率は $P(A\cap B)$ である。

$P(A)=\frac{3}{8}$, $P_A(B)=\frac{5}{7}$ であるから，乗法定理より

$$P(A\cap B)=P(A)\times P_A(B)$$
$$=\frac{3}{8}\times\frac{5}{7}=\mathbf{\frac{15}{56}}$$

20　期待値 (p.48)

例 50

ア　5

例 51

ア　$\frac{200}{3}$

58

引いたカードに書かれた数字は 1, 3, 5, 7, 9 のいずれかであり，これらの数字が書かれたカードを引く確率は，すべて $\frac{1}{5}$ である。

よって，求める期待値は

$$1\times\frac{1}{5}+3\times\frac{1}{5}+5\times\frac{1}{5}+7\times\frac{1}{5}+9\times\frac{1}{5}$$
$$=\frac{25}{5}=\mathbf{5}$$

59

1枚の硬貨を続けて3回投げるとき，表が出る回数とその確率は，次の表のようになる。

表の回数	0	1	2	3	計
確率	$\frac{1}{8}$	$\frac{3}{8}$	$\frac{3}{8}$	$\frac{1}{8}$	1

よって，表が出る回数の期待値は

$$0\times\frac{1}{8}+1\times\frac{3}{8}+2\times\frac{3}{8}+3\times\frac{1}{8}$$
$$=\frac{12}{8}=\mathbf{\frac{3}{2}}\ \textbf{(回)}$$

注意　1枚の硬貨を続けて3回投げるとき，表が r 回出る確率は

$${}_3C_r\left(\frac{1}{2}\right)^r\left(\frac{1}{2}\right)^{3-r}={}_3C_r\left(\frac{1}{2}\right)^3\quad (r=0,\ 1,\ 2,\ 3)$$

60

取り出した3個の球に含まれる赤球の個数は，1個，2個，3個のいずれかである。

赤球が1個である確率は　$\frac{{}_3C_1\times{}_2C_2}{{}_5C_3}=\frac{3}{10}$

赤球が2個である確率は　$\frac{{}_3C_2\times{}_2C_1}{{}_5C_3}=\frac{6}{10}$

赤球が3個である確率は　$\frac{{}_3C_3}{{}_5C_3}=\frac{1}{10}$

したがって，もらえる点数とその確率は，下の表のようになる。

点数	500	1000	1500	計
確率	$\frac{3}{10}$	$\frac{6}{10}$	$\frac{1}{10}$	1

よって，求める期待値は

$$500\times\frac{3}{10}+1000\times\frac{6}{10}+1500\times\frac{1}{10}$$
$$=\frac{9000}{10}=\mathbf{900}\ \textbf{(点)}$$

確認問題 5 (p.50)

1

袋Aから球を取り出す試行と，袋Bから球を取り出す試行は互いに独立である。

袋Aから赤球を取り出す確率は　$\frac{3}{9}$

袋Bから青球を取り出す確率は　$\frac{6}{8}$

よって，求める確率は　$\frac{3}{9}\times\frac{6}{8}=\mathbf{\frac{1}{4}}$

2

各回の試行は，互いに独立である。

1回目に赤球が出る確率は $\frac{5}{12}$，2回目に白球が出る確率は $\frac{4}{12}$，3回目に青球が出る確率は $\frac{3}{12}$

よって，求める確率は

$$\frac{5}{12}\times\frac{4}{12}\times\frac{3}{12}=\mathbf{\frac{5}{144}}$$

3

1個のさいころを1回投げて5以上の目が出る確率は $\frac{1}{3}$

5回のうち5以上の目が3回，それ以外の目が2回出る確率であるから

$${}_5C_3\left(\frac{1}{3}\right)^3\left(1-\frac{1}{3}\right)^2=10\times\frac{1}{27}\times\frac{4}{9}=\mathbf{\frac{40}{243}}$$

4

「1枚目に3の倍数が出る」事象を A,「2枚目に4の倍数が出る」事象を B とすると，求める確率は $P_A(B)$ である。

よって　$P_A(B)=\frac{2}{10-1}=\mathbf{\frac{2}{9}}$

5

(1) 「1回目に赤球が出る」事象を A,「2回目に白球が出

る」事象をBとすると，求める確率は $P(A\cap B)$ である。

$P(A)=\dfrac{4}{9}$，$P_A(B)=\dfrac{5}{9-1}=\dfrac{5}{8}$

であるから，乗法定理より

$P(A\cap B)=P(A)\times P_A(B)=\dfrac{4}{9}\times\dfrac{5}{8}=\mathbf{\dfrac{5}{18}}$

(2) 「2回目に赤球が出る」事象をCとすると，求める確率は $P(A\cap C)$ である。

$P_A(C)=\dfrac{4-1}{9-1}=\dfrac{3}{8}$

であるから，乗法定理より

$P(A\cap C)=P(A)\times P_A(C)=\dfrac{4}{9}\times\dfrac{3}{8}=\mathbf{\dfrac{1}{6}}$

6

引いた2本のくじの中に含まれる当たりの本数は，0本，1本，2本のいずれかである。

当たりが0本である確率は　$\dfrac{{}_7C_2}{{}_{10}C_2}=\dfrac{21}{45}$

当たりが1本である確率は　$\dfrac{{}_3C_1\times{}_7C_1}{{}_{10}C_2}=\dfrac{21}{45}$

当たりが2本である確率は　$\dfrac{{}_3C_2}{{}_{10}C_2}=\dfrac{3}{45}$

したがって，もらえる点数とその確率は，次の表のようになる。

点数	0	100	200	計
確率	$\dfrac{21}{45}$	$\dfrac{21}{45}$	$\dfrac{3}{45}$	1

よって，求める期待値は

$0\times\dfrac{21}{45}+100\times\dfrac{21}{45}+200\times\dfrac{3}{45}=\dfrac{2700}{45}=\mathbf{60}$ **(点)**

TRY *PLUS* (p.52)

問1

4人の手の出し方の総数は

$3^4=81$ (通り)

(1) aとbの2人だけが勝つ場合は，aとbが，グー，チョキ，パーのそれぞれで勝つ3通りがある。

よって，求める確率は

$\dfrac{3}{3^4}=\dfrac{3}{81}=\mathbf{\dfrac{1}{27}}$

(2) 4人のうち，勝つ2人の選び方は${}_4C_2$通りあり，このそれぞれの場合について，グー，チョキ，パーで勝つ3通りがある。

よって，求める確率は

$\dfrac{{}_4C_2\times3}{3^4}=\dfrac{6\times3}{81}=\mathbf{\dfrac{2}{9}}$

(3) 4人のうち，勝つ3人の選び方は${}_4C_3$通りあり，このそれぞれの場合について，グー，チョキ，パーで勝つ3通りがある。

よって，求める確率は

$\dfrac{{}_4C_3\times3}{81}=\dfrac{4\times3}{81}=\mathbf{\dfrac{4}{27}}$

問2

「1の目がちょうど2回出る」事象をA，「3回とも1の目が出る」事象をBとすると，1の目が2回以上出る事象は $A\cup B$ である。

ここで，$P(A)={}_3C_2\left(\dfrac{1}{6}\right)^2\left(1-\dfrac{1}{6}\right)^{3-2}=3\times\dfrac{1}{6^2}\times\dfrac{5}{6}=\dfrac{15}{6^3}$

$P(B)={}_3C_3\left(\dfrac{1}{6}\right)^3=\dfrac{1}{6^3}$

AとBは互いに排反であるから，求める確率は

$P(A\cup B)=P(A)+P(B)=\dfrac{15}{6^3}+\dfrac{1}{6^3}=\dfrac{16}{6^3}=\mathbf{\dfrac{2}{27}}$

第2章　図形の性質

21　平行線と線分の比 (p.54)

例52

ア　8　　　**イ**　3

例53

R　P　Q
A　B

61

(1) $x:6=3:7$ より　$7x=18$

よって　$x=\mathbf{\dfrac{18}{7}}$

$y:7=3:7$ より　$7y=21$

よって　$\mathbf{y=3}$

(2) $x:(9-x)=6:3$ より　$3x=6(9-x)$

よって　$\mathbf{x=6}$

$y:2=6:3$ より　$3y=12$

よって　$\mathbf{y=4}$

(3) $5:x=6:2$ より　$6x=10$

よって　$x=\mathbf{\dfrac{5}{3}}$

$4:y=6:8$ より　$6y=32$

よって　$y=\mathbf{\dfrac{16}{3}}$

(4) $x:5=3:2$ より　$2x=15$

よって　$x=\mathbf{\dfrac{15}{2}}$

$y:4=3:2$ より　$2y=12$

よって　$\mathbf{y=6}$

62

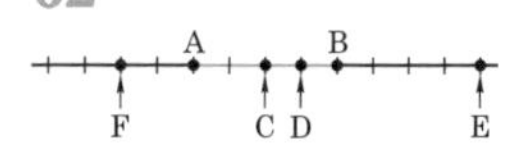

22　角の二等分線と線分の比 (p.56)

例54

ア　8

例55

ア　6

63

BD：DC＝AB：AC より

$x:(14-x)=16:12$

よって　$12x=16(14-x)$

したがって　$x=\mathbf{8}$

64

(1)　BD：DC＝AB：AC＝7：3 より

$$BD=\frac{7}{7+3}\times BC=\frac{7}{10}\times 6=\mathbf{\frac{21}{5}}$$

(2)　BE：EC＝AB：AC＝7：3 より

$$CE=\frac{3}{7-3}\times BC=\frac{3}{4}\times 6=\mathbf{\frac{9}{2}}$$

(3)　$DE=DC+CE$

$=(BC-BD)+CE$

$=\left(6-\frac{21}{5}\right)+\frac{9}{2}=\mathbf{\frac{63}{10}}$

23　三角形の重心・内心・外心（p.58）

例 56

ア　12

例 57

ア　70°

例 58

ア　40°

65

Gは△ABC の重心であるから

AG：GD＝2：1

△ABD において，PG∥BD であるから　AP：PB＝AG：GD

よって，4：PB＝2：1 より　PB＝**2**

また，△ABC において，PQ∥BC であるから

AP：AB＝PQ：BC

よって　4：6＝PQ：9 より　PQ＝**6**

66

(1)　I は△ABC の内心であるから

∠IAC＝∠IAB＝45°

∠IBA＝∠IBC＝25°

∠ICA＝∠ICB

△ABC において，内角の和は 180° であるから

$2\times\angle ICA+2\times(45°+25°)=180°$

ゆえに　　∠ICA＝20°

よって，△IAC において内角の和は 180° であるから

$\theta+20°+45°=180°$

したがって　　$\theta=\mathbf{115°}$

(2)　I は△ABC の内心であるから

∠IBA＝∠IBC＝30°

∠ICA＝∠ICB＝20°

△ABC において，内角の和は 180° であるから

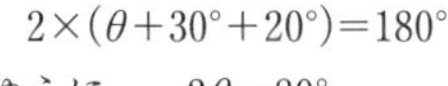

$2\times(\theta+30°+20°)=180°$

ゆえに　　$2\theta=80°$

よって　$\theta=\mathbf{40°}$

(3)　∠IBC＝α，∠ICB＝β とおくと，

△ABC の内角の和は 180° であるから

$2\alpha+2\beta+80°=180°$

より　　$\alpha+\beta=50°$

△IBC において，内角の和は 180° であるから

$\theta+\alpha+\beta=180°$

よって　$\theta=\mathbf{130°}$

67

(1)　O は△ABC の外心であるから

∠OBA＝∠OAB＝20°

∠OAC＝∠OCA＝40°

∠OCB＝∠OBC＝θ

△ABC において，内角の和は 180° であるから　$2\times(\theta+20°+40°)=180°$

よって　　$\theta=\mathbf{30°}$

(2)　O は△ABC の外心であるから，右の図のように

∠OAB＝∠OBA＝α

∠OAC＝∠OCA＝β

とおくと

∠BOD＝2α，∠COD＝2β

より　$\theta=\angle BOD+\angle COD=2\alpha+2\beta=2(\alpha+\beta)$

ここで，α＋β＝80° であるから

$\theta=2\times80°=\mathbf{160°}$

別解　△ABC の外接円の円周角と中心角の関係から

$80°=\frac{1}{2}\theta$　　　よって　$\theta=\mathbf{160°}$

(3)　△ABC において，内角の和は 180° であるから

∠ACB＝180°－(120°＋25°)＝35°

O は△ABC の外心であるから，下の図のように

∠OBC＝∠OCB＝α とおくと

∠OAB＝∠OBA＝α＋25°

∠OAC＝∠OCA＝α＋35°

∠BAC＝∠OAB＋∠OAC＝120°

であるから　(α＋25°)＋(α＋35°)＝120°

ゆえに　　α＝30°

△OBC において，内角の和は 180° であるから

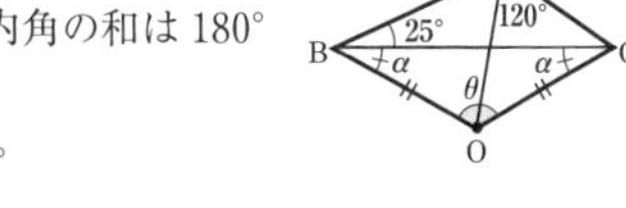

$\theta+30°+30°=180°$

よって　　$\theta=\mathbf{120°}$

24　メネラウスの定理とチェバの定理（p.60）

例 59

ア　11　　　　**イ**　4

例 60

ア　3　　　　**イ**　4

68

メネラウスの定理より

$\frac{BP}{PC}\cdot\frac{CQ}{QA}\cdot\frac{AR}{RB}=\frac{BP}{PC}\cdot\frac{1}{1}\cdot\frac{1}{3}=1$

ゆえに　$\frac{BP}{PC}=\frac{3}{1}$

よって　BP : PC = **3 : 1**

69

メネラウスの定理より

$\frac{BP}{PC}\cdot\frac{CQ}{QA}\cdot\frac{AR}{RB}=\frac{1}{3}\cdot\frac{3}{2}\cdot\frac{AR}{RB}=1$

ゆえに　$\frac{AR}{RB}=\frac{2}{1}$

よって　AR : RB = **2 : 1**

70

チェバの定理より

$\frac{BP}{PC}\cdot\frac{CQ}{QA}\cdot\frac{AR}{RB}=\frac{5}{3}\cdot\frac{2}{3}\cdot\frac{AR}{RB}=1$

ゆえに　$\frac{AR}{RB}=\frac{9}{10}$

よって　AR : RB = **9 : 10**

71

(1)　△ABD と直線 CF において，メネラウスの定理より

$\frac{BC}{CD}\cdot\frac{DP}{PA}\cdot\frac{AF}{FB}=\frac{BC}{CD}\cdot\frac{3}{7}\cdot\frac{2}{3}=1$

ゆえに　$\frac{BC}{CD}=\frac{7}{2}$ より　BC : CD = 7 : 2

よって　BD : DC = **5 : 2**

(2)　△ABC において，チェバの定理より

$\frac{BD}{DC}\cdot\frac{CE}{EA}\cdot\frac{AF}{FB}=1$

(1)より　$\frac{5}{2}\cdot\frac{CE}{EA}\cdot\frac{2}{3}=1$

ゆえに　$\frac{CE}{EA}=\frac{3}{5}$

よって　AE : EC = **5 : 3**

確認問題 6 (p.62)

1

(1)　$(10+x):10=12:8$ より　$8(10+x)=120$

よって　$x=\mathbf{5}$

$(y+4):y=12:8$ より　$8(y+4)=12y$

よって　$y=\mathbf{8}$

(2)　$x:9=4:6$ より　$x=\mathbf{6}$

$15:y=10:6$ より　$y=\mathbf{9}$

2

(1)　△DAC において

AE : EC = DA : DC より

AE : EC = **2 : 3**

(2)　△BCA において

AE : EC = BA : BC より

$2:3=4:x$

よって　$x=\mathbf{6}$

3

(1)　BD : DC = AB : AC = 15 : 5 = 3 : 1

より　$BD=\frac{3}{3+1}\times BC=\frac{3}{4}\times12=\mathbf{9}$

(2)　BE : EC = AB : AC = 3 : 1 より

$CE=\frac{1}{3-1}\times BC=\frac{1}{2}\times12=\mathbf{6}$

(3)　DE = DC + CE = (BC − BD) + CE

= (12 − 9) + 6 = **9**

4

G は △ABC の重心であるから　AG : GD = 2 : 1

よって　8 : GD = 2 : 1 より　GD = **4**

D は BC の中点であるから　DC = BD = 6

また，△ADC において，GQ∥DC であるから

AG : AD = GQ : DC

よって　8 : (8+4) = GQ : 6 より

GQ = **4**

5

(1)　I は △ABC の内心であるから

∠IAC = ∠IAB = θ

∠IBC = ∠IBA = 30°

△ABC において，内角の和は 180°

であるから　$2\times\theta+2\times30^\circ+50^\circ=180^\circ$

したがって　$\theta=\mathbf{35^\circ}$

(2)　O は △ABC の外心であるから

∠OBA = ∠OAB = 45°

∠OBC = ∠OCB = 20°

よって

∠ABC = ∠OBA + ∠OBC = 65°

∠OAC = ∠OCA = α とおくと，△ABC において，内角の和は 180° であるから

$2\times(45^\circ+20^\circ+\alpha)=180^\circ$

よって　$\alpha=25^\circ$

△OAC において，内角の和は 180° であるから

$\theta+2\alpha=\theta+2\times25^\circ=180^\circ$

よって　$\theta=\mathbf{130^\circ}$

6

(1)　△ABD において，メネラウスの定理より

$\frac{BC}{CD}\cdot\frac{DP}{PA}\cdot\frac{AF}{FB}=\frac{BC}{CD}\cdot\frac{2}{5}\cdot\frac{3}{4}=1$

ゆえに　$\frac{BC}{CD}=\frac{10}{3}$ より　BC : CD = 10 : 3

よって　BD : DC = **7 : 3**

(2)　△ABC において，チェバの定理より

$\frac{BD}{DC}\cdot\frac{CE}{EA}\cdot\frac{AF}{FB}=1$

(1)より　$\frac{7}{3}\cdot\frac{CE}{EA}\cdot\frac{3}{4}=1$

ゆえに　$\frac{CE}{EA}=\frac{4}{7}$

よって　AE : EC = **7 : 4**

25　円周角の定理とその逆（p.64）

例 61

ア　50°　　イ　90°　　ウ　40°

例 62

ア　BDC

72

(1)　A と O を結ぶと，OA＝OB＝OC より，△OAB，△OCA は二等辺三角形であるから

　∠OAB＝∠OBA＝25°

　∠OAC＝∠OCA＝40°

ゆえに　∠BAC＝∠OAB＋∠OAC＝25°＋40°＝65°

θ は円周角 ∠BAC の中心角であるから

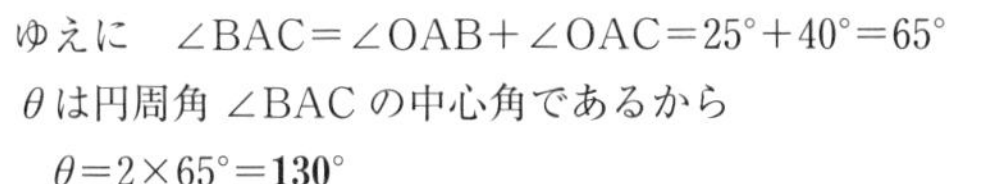

　θ＝2×65°＝**130°**

(2)　円周角の定理より

　∠ABD＝∠ACD＝θ

△ABE において，内角と外角の関係から

　∠ABE＋∠BAE＝∠AED

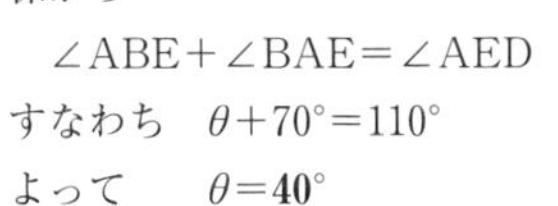

すなわち　θ＋70°＝110°

よって　θ＝**40°**

(3)　A と D を結ぶと

円周角の定理より

　∠ADC＝∠ABC＝θ

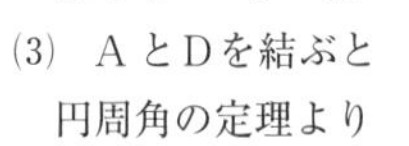

∠ADB は直径に対する円周角であるから　∠ADB＝90°

ゆえに　∠ADC＋∠BDC＝90°

すなわち　θ＋50°＝90°

よって　θ＝**40°**

(4)　A と D を結ぶと

円周角の定理より

　∠DAC＝∠DBC＝35°

∠DAB は直径に対する円周角であるから　∠DAB＝90°

ゆえに　∠BAC＋∠DAC＝90°

すなわち　θ＋35°＝90°

よって　θ＝**55°**

73

(1)　2 点 A，D が直線 BC について同じ側にあり，∠BAC＝∠BDC であるから

4 点 A，B，C，D は**同一円周上にある。**

(2)　∠BAC≠∠BDC であるから，

4 点 A，B，C，D は**同一円周上にない。**

26　円に内接する四角形（p.66）

例 63

ア　120°　　イ　100°

例 64

ア　100°　　イ　180°

74

(1)　円に内接する四角形の性質より，向かい合う内角の和は 180° であるから

　α＝180°−75°＝**105°**

∠ABC は ∠ADC の外角に等しいから　β＝**50°**

(2)　円に内接する四角形の性質より，∠BAD は ∠BCD の外角に等しいから

　α＝**100°**

△ABD において，内角の和は 180° であるから

　β＝180°−(45°＋100°)＝**35°**

(3)　円に内接する四角形の性質より，向かい合う内角の和は 180° であるから

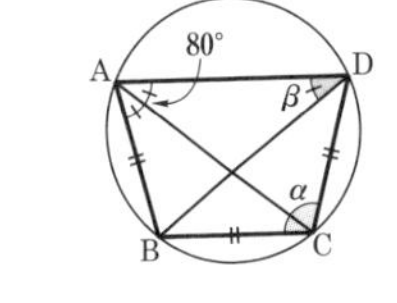

　α＝180°−80°＝**100°**

$\overset{\frown}{AB}=\overset{\frown}{BC}=\overset{\frown}{CD}$　であるから

　β＝∠BAC＝∠CAD

　　$=\frac{1}{2}$×∠BAD

　　$=\frac{1}{2}$×80°＝**40°**

注意　$\overset{\frown}{AB}$ は弧 AB の長さのことである。

75

(1)　四角形 ABCD は円に内接するから

　∠BCD＝180°−∠BAD＝180°−110°＝70°

また，∠BDC は直径に対する円周角であるから

　∠BDC＝90°

よって，△BCD において，内角の和は 180° であるから

　θ＝180°−(70°＋90°)＝**20°**

(2)　△DAE において，内角の和は 180° であるから

　∠ADC＝180°−(55°＋20°)＝105°

四角形 ABCD は円に内接するから

　∠DCF＝∠DAB＝55°

また，∠ADC＝∠DFC＋∠DCF　であるから

　105°＝θ＋55°

よって　θ＝**50°**

76

(ア)　∠A＋∠C＝90°＋70°＝160°

向かい合う内角の和が 180° でないから，四角形 ABCD は円に内接しない。

(イ)　∠DAB＝180°−105°＝75°　より

∠DAB は ∠BCD の外角に等しい。

ゆえに，四角形 ABCD は円に内接する。

(ウ)　△BCD において，内角の和は 180° であるから

　∠C＝180°−(35°＋25°)＝120°

ゆえに　∠A＋∠C＝60°＋120°＝180°

向かい合う内角の和が 180° であるから，四角形 ABCD は円に内接する。

よって，円に内接するのは　**(イ)と(ウ)**

27　円の接線（p.68）

例65

ア　4　　　　**イ**　9

例66

ア　5　　　　**イ**　8　　　　**ウ**　3

77

(1)　AR=AQ より　AR=2

CP=CQ より　CP=3

ゆえに　BP=BC−PC=9−3=6

BR=BP より　BR=6

よって　AB=AR+RB=2+6=**8**

(2)　AQ=AR より　AQ=7

CP=CQ より　CP=AC−CQ=11−7=4

BR=BP より　BR=BC−PC=9−4=5

よって　AB=AR+BR=7+5=**12**

78

BP=x とすると　BR=BP，AB=13

より　AR=AB−BR=13−x

よって，AQ=AR より　AQ=13−x

また，BC=8 より　CP=BC−BP=8−x

よって，CQ=CP より　CQ=8−x

ここで，AQ+CQ=CA，CA=9 であるから

$(13-x)+(8-x)=9$

したがって　BP=x=**6**

28　接線と弦のつくる角（p.70）

例67

ア　110°

例68

ア　90°　　　　**イ**　30°　　　　**ウ**　30°

79

(1)　接線と弦のつくる角の性質より

$\theta=\angle\mathrm{BAT}=180°-140°=$**40°**

(2)　接線と弦のつくる角の性質より

$\theta=\angle\mathrm{CAP}=90°-55°=$**35°**

80

(1)　BC は直径であるから　∠CAB=90°

接線と弦のつくる角の性質より

$\theta=\angle\mathrm{ACB}=90°-30°=$**60°**

(2)　接線と弦のつくる角の性質より　∠DAB=25°

△ABC において，内角の和は 180° であるから

$\angle\mathrm{ACB}+\angle\mathrm{CAB}+\theta=180°$

$25°+(90°+25°)+\theta=180°$

よって　$\theta=180°-140°$

$=$**40°**

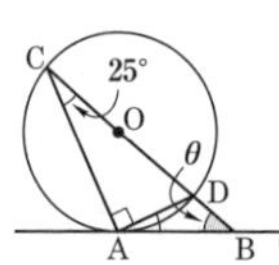

29　方べきの定理（p.72）

例69

ア　10　　　　**イ**　11

例70

ア　6

81

(1)　PA・PB=PC・PD より　$x\cdot4=6\cdot2$

よって　$x=$**3**

(2)　PA・PB=PC・PD より　$3\cdot(x+3)=4\cdot(4+5)$

よって　$x=$**9**

82

(1)　PA・PB=PT² より　$4\cdot(4+7)=x^2$

$x^2=44$

$x>0$ より　$x=\sqrt{44}=$**$2\sqrt{11}$**

(2)　PA・PB=PT² より　$3\cdot(3+x)=6^2$

よって　$3+x=12$ より　$x=$**9**

(3)　PA・PB=PT² より　$x(x+5)=6^2$

整理すると　$x^2+5x-36=0$ より

$(x+9)(x-4)=0$

$x>0$ より　$x=$**4**

(4)　PA・PB=PT² より　$x(x+6)=4^2$

整理すると　$x^2+6x-16=0$ より

$(x+8)(x-2)=0$

$x>0$ より　$x=$**2**

30　2つの円（p.74）

例71

ア　10　　　　**イ**　4

例72

ア　$2\sqrt{6}$

83

2つの円が外接するとき

$r+5=8$ より　$r=3$

2つの円が内接するときの中心間の距離を d とすると

$d=5-r$

$=5-3=$**2**

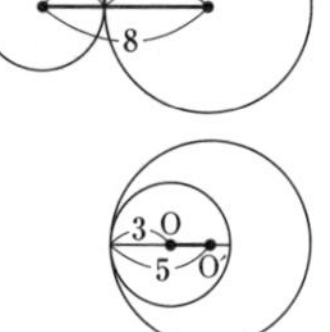

84

(1)　13>7+4 より，2円OとO′ は **離れている。**

よって，共通接線は **4本**。

(2)　11=7+4 より，2円OとO′ は **外接する。**

よって，共通接線は **3本**。

(3)　7−4<6<7+4 より，2円OとO′ は **2点で交わる。**

よって，共通接線は **2本**。

85

(1)　点O′ から線分OA に垂線O′H をおろすと

OH=OA−O′B

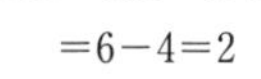

=6−4=2

△OO′H は，直角三角形であるから

$\mathrm{AB}=\mathrm{O'H}=\sqrt{12^2-2^2}=\sqrt{140}=$**$2\sqrt{35}$**

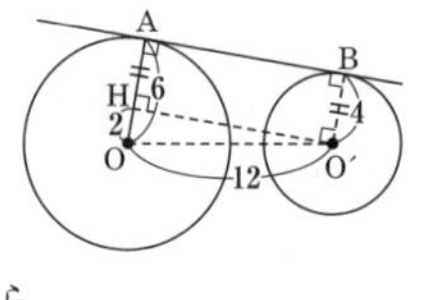

(2) (1)と同様にして

$AB=O'H=\sqrt{9^2-(7-4)^2}=\sqrt{81-9}$

$=\sqrt{72}=\mathbf{6\sqrt{2}}$

確認問題 7 (p.76)

1

(1) △ABD において，内角の和は 180° であるから

$\alpha=180°-(45°+35°)=\mathbf{100°}$

円に内接する四角形の性質より，向かい合う内角の和は 180° であるから

$\beta=180°-\alpha=180°-100°=\mathbf{80°}$

(2) 円に内接する四角形の性質より，向かい合う内角の和は 180° であるから

$\alpha=180°-80°=\mathbf{100°}$

また，内角と外角の関係から，$\alpha=\beta+40°$ より

$\beta=\alpha-40°=100-40°=\mathbf{60°}$

(3) OB=OD より

$\angle ODB=\angle OBD=35°$，$\angle BOD=180°-(35°\times 2)=110°$

∠BCD は，中心角 ∠BOD の円周角であるから

$\angle BCD=\frac{1}{2}\times 110°=55°$

円に内接する四角形の性質より，向かい合う内角の和は 180° であるから

$\alpha=180°-55°=\mathbf{125°}$

また，∠BCD の外角であるから

$\beta=180°-55°=\mathbf{125°}$

2

BR=BP より　BR=4

CQ=CP より　CQ=6

ゆえに　AQ=AC−CQ=10−6=4

AR=AQ より　AR=4

よって　AB=AR+BR=4+4=**8**

3

$AR=x$ とすると，AQ=AR，AC=7 より

$CQ=AC-AQ=7-x$

よって，CP=CQ より　$CP=7-x$

また，AB=6 より

$BR=AB-AR=6-x$

よって，BP=BR より　$BP=6-x$

ここで，BP+CP=BC，BC=8 であるから

$(6-x)+(7-x)=8$

これを解いて　$x=\frac{5}{2}$

したがって　$AR=\mathbf{\frac{5}{2}}$

4

(1) 接線と弦のつくる角の性質より　$\theta=\mathbf{60°}$

(2) 接線と弦のつくる角の性質より　$\angle BAT=\theta$

また，BC=BA より　$\angle BAC=\theta$

よって　$\angle BAT+\angle BAC+74°=180°$

ゆえに　$\theta+\theta+74°=180°$ より　$\theta=\mathbf{53°}$

(3) OP と円との交点をCとすると

接線と弦のつくる角の性質より　∠BCA=70°

∠BAC は直径に対する円周角であるから

∠BAC=90°

△BAC の内角の和は 180° であるから

$\theta+70°+90°=180°$

したがって　$\theta=\mathbf{20°}$

5

(1) 接線と弦のつくる角の性質より　$\alpha=\mathbf{55°}$

△ABD において，内角の和は 180° であるから

$\angle BAD=180°-(60°+55°)=65°$

向かい合う内角の和は 180° であるから

$\beta=180°-\angle BAD=180°-65°=\mathbf{115°}$

(2) 接線と弦のつくる角の性質より　$\angle ABC=\beta$

∠BAC は直径に対する円周角であるから　∠BAC=90°

△ACP において，内角と外角の関係から

$\beta=\alpha+54°$　……①

△ABC において，内角の和は 180° であるから

$\alpha+\beta+90°=180°$　……②

①，②より　$\alpha=\mathbf{18°}$，$\beta=\mathbf{72°}$

(3) △OAB は二等辺三角形であるから

$\angle AOB=180°-2\times 40°=100°$

円周角の定理より　$\angle ACB=\frac{1}{2}\times 100°=50°$

接線と弦のつくる角の性質より，$\angle ACB=\alpha$ であるから

$\alpha=\mathbf{50°}$

また，OとCを結ぶと

$\angle OBC=\angle OCB=30°$，$\beta=\angle OCA$ より

$\beta=\angle OCA=50°-30°=\mathbf{20°}$

6

(1) PA・PB=PC・PD より　$8\cdot(8+x)=6\cdot(6+5\times 2)$

よって　$64+8x=96$ より

$x=\mathbf{4}$

(2) PA・PB=PC・PD より　$x\cdot 5=(4-3)(3+4)$

よって　$5x=7$ より

$x=\mathbf{\frac{7}{5}}$

(3) $PA\cdot PB=PT^2$ より

$2\cdot(2+2x)=4^2$

よって　$4+4x=16$ より

$x=\mathbf{3}$

7

点 O′ から OA の延長に垂線 O′H をおろすと

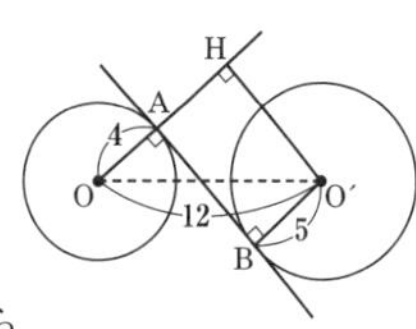

$OH=OA+O'B$

$=4+5=9$

△OO′H は，直角三角形であるから

$AB=O'H=\sqrt{12^2-9^2}=\sqrt{144-81}=\sqrt{63}=\mathbf{3\sqrt{7}}$

31　作図（p.78）

例73

ア　C_3C_5

86

① 長さ1の線分ABをかく。

② 点Aを通る直線lを引き，等間隔に4個の点C_1，C_2，C_3，C_4をとる。

③ 線分C_4Bと平行に点C_3を通る直線を引き，線分ABとの交点をPとすれば，$AP=\frac{3}{4}$となる。

87

① 点Oから∠XOYの二等分線lを引く。

② 点Pから直線OXに垂線hを引く。

③ 直線lと直線hの交点をCとする。

④ Cを中心，CPを半径とする円が求める円である。

88

① 長さ1の線分ABの延長上に，BC=3 となる点Cをとる。

② 線分ACの中点Oを求め，OAを半径とする円をかく。

③ 点Bを通り，ACに垂直な直線を引き，円Oとの交点をD，D′とすれば，$BD=BD'=\sqrt{3}$ である。

別解　右の図のように直角三角形をかく方法でも，長さ$\sqrt{3}$の線分を作図できる。

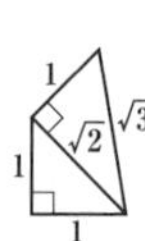

32　空間における直線と平面（p.80）

例74

ア　**CG，DH，EH，FG**　　イ　**90°**

ウ　**30°**　　エ　**60°**

89

(1) **BC，EH，FG**

(2) **AB，AE，DC，DH**

(3) **BF，CG，EF，HG**

(4) **平面BFGC，平面EFGH**

(5) **平面ABCD，平面AEHD**

(6) **平面AEFB，平面DHGC**

90

(1) BC，AEのなす角は，BC，BFのなす角に等しいから
90°

(2) AD，EGのなす角は，AD，ACのなす角に等しいから
45°

(3) AB，DEのなす角は，EF，DEのなす角に等しいから
90°

(4) BD，CHのなす角は，BD，BEのなす角に等しい。
△BDEは正三角形であるから　∠DBE=60°
よって　**60°**

33　多面体（p.82）

例75

ア　**20**　　イ　**30**　　ウ　**2**

91

(1) $v=\mathbf{6}$，$e=\mathbf{9}$，$f=\mathbf{5}$ より
$v-e+f=6-9+5=\mathbf{2}$

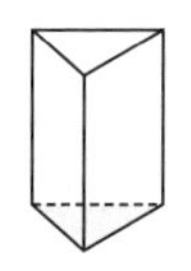

(2) $v=\mathbf{5}$，$e=\mathbf{8}$，$f=\mathbf{5}$ より
$v-e+f=5-8+5=\mathbf{2}$

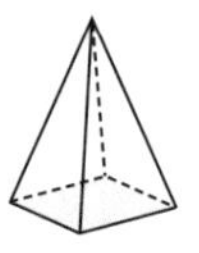

92

$v=\mathbf{9}$，$e=\mathbf{16}$，$f=\mathbf{9}$ より
$v-e+f=9-16+9=\mathbf{2}$

93

$v=3\times20\div5=\mathbf{12}$，$e=3\times20\div2=\mathbf{30}$，$f=\mathbf{20}$ より
$v-e+f=12-30+20=\mathbf{2}$

TRY PLUS（p.84）

問3

(1) △ABPと直線CQにメネラウスの定理を用いると

$$\frac{BC}{CP}\cdot\frac{PO}{OA}\cdot\frac{AQ}{QB}=\frac{3+1}{1}\cdot\frac{PO}{OA}\cdot\frac{3}{2}=1$$

ゆえに　$\frac{PO}{OA}=\frac{1}{6}$

よって　$AO:OP=\mathbf{6:1}$

(2) △OBCと△ABCは，辺BCを共有しているから

$$\frac{\triangle OBC}{\triangle ABC}=\frac{OP}{AP}=\frac{1}{6+1}=\frac{1}{7}$$

よって　$\triangle OBC:\triangle ABC=\mathbf{1:7}$

問4

(1) △ABCにおいて，ADは∠Aの二等分線であるから
BD：DC=AB：AC
よって　BD：DC=**4：3**

(2) $BD=x$ とおくと BD：DC=4：3 より
$x:(5-x)=4:3$
よって　$3x=4(5-x)$
これを解くと　$x=\frac{20}{7}$
△ABDにおいて，BIは∠Bの二等分線であるから
AI：ID=BA：BD
よって　$AI:ID=4:\frac{20}{7}=28:20=\mathbf{7:5}$

第3章　数学と人間の活動

34　n 進法 (p.86)

例76

ア　22

例77

ア　1011

例78

ア　47

例79

ア　201

例80

ア　294

例81

ア　243

94

(1)　$111_{(2)}=1\times2^2+1\times2+1\times1=4+2+1=\mathbf{7}$

(2)　$1001_{(2)}=1\times2^3+0\times2^2+0\times2+1\times1$
$=8+0+0+1=\mathbf{9}$

95

(1)　右の計算より
$12=\mathbf{1100}_{(2)}$

2) 12
2) 6 … 0
2) 3 … 0
2) 1 … 1
　 0 … 1

(2)　右の計算より
$27=\mathbf{11011}_{(2)}$

2) 27
2) 13 … 1
2) 6 … 1
2) 3 … 0
2) 1 … 1
　 0 … 1

96

(1)　$212_{(3)}=2\times3^2+1\times3+2\times1$
$=18+3+2=\mathbf{23}$

(2)　$1021_{(3)}=1\times3^3+0\times3^2+2\times3+1\times1$
$=27+0+6+1=\mathbf{34}$

97

(1)　右の計算より
$35=\mathbf{1022}_{(3)}$

3) 35
3) 11 … 2
3) 3 … 2
3) 1 … 0
　 0 … 1

(2)　右の計算より
$65=\mathbf{2102}_{(3)}$

3) 65
3) 21 … 2
3) 7 … 0
3) 2 … 1
　 0 … 2

98

(1)　$314_{(5)}=3\times5^2+1\times5+4\times1=75+5+4=\mathbf{84}$

(2)　$1043_{(5)}=1\times5^3+0\times5^2+4\times5+3\times1$
$=125+0+20+3=\mathbf{148}$

99

(1)　右の計算より
$38=\mathbf{123}_{(5)}$

5) 38
5) 7 … 3
5) 1 … 2
　 0 … 1

(2)　右の計算より
$97=\mathbf{342}_{(5)}$

5) 97
5) 19 … 2
5) 3 … 4
　 0 … 3

35　約数と倍数 (p.88)

例82

ア　1, 3, 5, 15

例83

ア　7

例84

ア　4　　イ　3

100

(1)　$18=1\times18=(-1)\times(-18)$
$18=2\times9=(-2)\times(-9)$
$18=3\times6=(-3)\times(-6)$
よって，18 のすべての約数は
1, 2, 3, 6, 9, 18, −1, −2, −3, −6, −9, −18

(2)　$100=1\times100=(-1)\times(-100)$
$100=2\times50=(-2)\times(-50)$
$100=4\times25=(-4)\times(-25)$
$100=5\times20=(-5)\times(-20)$
$100=10\times10=(-10)\times(-10)$
よって，100 のすべての約数は
1, 2, 4, 5, 10, 20, 25, 50, 100, −1, −2, −4, −5, −10, −20, −25, −50, −100

101

整数 a, b は 7 の倍数であるから，整数 k, l を用いて
$a=7k$,　$b=7l$
と表される。
ゆえに　$a+b=7k+7l=\boxed{7(k+l)}$
ここで，k, l は整数であるから，$k+l$ は整数である。
よって，$\boxed{7(k+l)}$ は 7 の倍数である。
したがって，$a+b$ は 7 の倍数である。　終

102

下 2 桁が 4 の倍数であるかどうかを調べる。
①　$32=4\times8$　③　$24=4\times6$　④　$84=4\times21$
よって，4 の倍数は ①, ③, ④

103

各位の数の和が 3 の倍数であるかどうかを調べる。
①　$1+0+2=3$　②　$3+6+9=18=3\times6$
④　$7+7+7=21=3\times7$
よって，3 の倍数は ①, ②, ④

104
各位の数の和が 9 の倍数であるかどうかを調べる。

② $3+4+2=9$

③ $3+8+8+8=27=9\times3$

よって，9 の倍数は ②，③

36　素因数分解（p.90）
例 85

ア　3^2

例 86

ア　2　　**イ**　3　　**ウ**　6

105
1 以外の約数をもつかどうかを調べる。

① $51=3\times17$，② $57=3\times19$，④ $87=3\times29$，

⑤ $91=7\times13$

よって，素数は ③，⑥

106
(1) $78=\mathbf{2\times3\times13}$

(2) $105=\mathbf{3\times5\times7}$

(3) $585=\mathbf{3^2\times5\times13}$

(4) $616=\mathbf{2^3\times7\times11}$

(1) 2) 78
3) 39
13

(2) 3) 105
5) 35
7

(3) 3) 585
3) 195
5) 65
13

(4) 2) 616
2) 308
2) 154
7) 77
11

107
(1) 27 を素因数分解すると　$27=3^3$

$27n$ を素因数分解したとき，各素因数の指数がすべて偶数になればよい。

よって，求める最小の自然数 n は

$n=\mathbf{3}$

(2) 378 を素因数分解すると　$378=2\times3^3\times7$

$378n$ を素因数分解したとき，各素因数の指数がすべて偶数になればよい。

よって，求める最小の自然数 n は

$n=2\times3\times7=\mathbf{42}$

37　最大公約数と最小公倍数 (1)（p.92）
例 87

ア　12

例 88

ア　180

108
(1) $12=2^2\times3$

$42=2\times3\times7$

よって，最大公約数は　$2\times3=\mathbf{6}$

2) 12　42
3) 6　21
2　7

(2) $26=2\times13$

$39=3\times13$

よって，最大公約数は **13**

13) 26　39
2　3

(3) $28=2^2\times7$

$84=2^2\times3\times7$

よって，最大公約数は　$2^2\times7=\mathbf{28}$

2) 28　84
2) 14　42
7) 7　21
1　3

(4) $54=2\times3^3$

$72=2^3\times3^2$

よって，最大公約数は　$2\times3^2=\mathbf{18}$

2) 54　72
3) 27　36
3) 9　12
3　4

(5) $147=3\times7^2$

$189=3^3\times7$

よって，最大公約数は　$3\times7=\mathbf{21}$

3) 147　189
7) 49　63
7　9

(6) $64=2^6$

$256=2^8$

よって，最大公約数は　$2^6=\mathbf{64}$

2) 64　256
2) 32　128
2) 16　64
2) 8　32
2) 4　16
2) 2　8
1　4

109
(1) $12=2^2\times3$

$20=2^2\times5$

よって，最小公倍数は

$2^2\times3\times5=\mathbf{60}$

2) 12　20
2) 6　10
3　5

(2) $18=2\times3^2$

$24=2^3\times3$

よって，最小公倍数は　$2^3\times3^2=\mathbf{72}$

2) 18　24
3) 9　12
3　4

(3) $21=3\times7$

$26=2\times13$

よって，最小公倍数は　$21\times26=\mathbf{546}$

(4) $39=3\times13$

$78=2\times3\times13$

よって，最小公倍数は　$2\times3\times13=\mathbf{78}$

3) 39　78
13) 13　26
1　2

(5) $20=2^2\times5$

$75=3\times5^2$

よって，最小公倍数は　$2^2\times3\times5^2=\mathbf{300}$

5) 20　75
4　15

(6) $84=2^2\times3\times7$

$126=2\times3^2\times7$

よって，最小公倍数は　$2^2\times3^2\times7=\mathbf{252}$

2) 84　126
3) 42　63
7) 14　21
2　3

38　最大公約数と最小公倍数 (2)（p.94）
例 89

ア　6

例 90

ア　60

例 91

ア　互いに素である　　**イ**　互いに素でない

110
正方形のタイルを縦に m 枚，横に n 枚並べて，長方形に敷き詰めるとすると　$78=mx$，$195=nx$

よって，x は 78 と 195 の公約数であるから，x の最大値は 78 と 195 の最大公約数である。

$78=2\times3\times13$，$195=3\times5\times13$

より，78 と 195 の最大公約数は $3\times13=39$

したがって，x の最大値は **39**

3) 78　195
13) 26　65
　　2　5

111

2 台の電車が，次に同時に発車する時刻までの間隔は，12 と 16 の最小公倍数に等しい。

$12=2^2\times3$，$16=2^4$

であるから，12 と 16 の最小公倍数は

$2^4\times3=48$

2) 12　16
2) 6　8
　　3　4

よって，次に同時に発車するのは　**48 分後**

112

① $14=2\times7$，$91=7\times13$ より
最大公約数は 7

② $39=3\times13$，$58=2\times29$ より
1 以外の正の公約数をもたない。

③ $57=3\times19$，$75=3\times5^2$ より
最大公約数は 3

よって，互いに素であるものは ②

39　整数の割り算と商および余り (p.96)

例 92

ア　7　　　　**イ**　5

例 93

ア　3

例 94

ア　$3k^2-k$　　**イ**　$3k^2+k$　　**ウ**　$3k^2+3k$

113

(1) $\mathbf{73=16\times4+9}$

(2) $\mathbf{163=24\times6+19}$

114

整数 a は整数 k を用いて　$a=6k+4$

と表される。変形して

$a=6k+4=3(2k+1)+1$

ここで，$2k+1$ は整数である。

よって，a を 3 で割ったときの余りは **1**

115

ア　$3k^2-2k$　　**イ**　$3k^2-1$　　**ウ**　$3k^2+2k$

確認問題 8 (p.98)

1

(1) $143_{(5)}=1\times5^2+4\times5+3\times1$
$=25+20+3=$**48**

(2) 右の計算より
$13=$**$111_{(3)}$**

3) 13
3) 4 … 1
3) 1 … 1
　 0 … 1

(3) $10010_{(2)}=1\times2^4+0\times2^3+0\times2^2+1\times2+0\times1$
$=16+0+0+2+0=18$

右の計算より
$18=$**$200_{(3)}$**

3) 18
3) 6 … 0
3) 2 … 0
　 0 … 2

2

(1) 下 2 桁が 4 の倍数であるかどうかを調べる。

$16=4\times4$　　$68=4\times17$　　$12=4\times3$

よって，4 の倍数は **216，568，612**

(2) 各位の数の和が 9 の倍数であるかどうかを調べる。

$2+1+6=9$　　$3+6+9=18=9\times2$

$6+1+2=9$

よって，9 の倍数は **216，369，612**

3

$675=$**$3^3\times5^2$**

4

(1) $252=2^2\times3^2\times7$

$315=3^2\times5\times7$

よって，最大公約数は

$3^2\times7=$**63**

3) 252　315
3) 84　105
7) 28　35
　　4　5

(2) $104=2^3\times13$

$156=2^2\times3\times13$

よって，最小公倍数は

$2^3\times3\times13=$**312**

2) 104　156
2) 52　78
13) 26　39
　　2　3

5

正方形のタイルを縦に m 枚，横に n 枚並べて，長方形に敷き詰めるとすると

$132=mx$，$330=nx$

よって，x は 132 と 330 の公約数であるから，x の最大値は 132 と 330 の最大公約数である。

$132=2^2\times3\times11$，$330=2\times3\times5\times11$ より，

132 と 330 の最大公約数は　$2\times3\times11=66$

したがって，x の最大値は **66**

2) 132　330
3) 66　165
11) 22　55
　　2　5

6

板を縦に m 枚，横に n 枚並べて，1 辺の長さが x cm の正方形に敷き詰められたとすると

$x=70m=56n$

x は 70 と 56 の公倍数であるから，x の最小値は 70 と 56 の最小公倍数である。

$70=2\times5\times7$，$56=2^3\times7$ より

70 と 56 の最小公倍数は

$2^3\times5\times7=280$

2) 70　56
7) 35　28
　　5　4

よって，x の最小値は **280**

7

整数 a は整数 k を用いて $a=15k+7$ と表される。

変形して

$a=15k+7=5(3k+1)+2$

ここで，$3k+1$ は整数である。よって，a を5で割ったときの余りは **2**

8

ア　$\boldsymbol{2k^2+k}$　　**イ**　$\boldsymbol{2k^2+3k+1}$

40　ユークリッドの互除法 (p.100)

例 95

ア　13

116

(1)　$273=63\times4+21$

$63=21\times3$

よって，最大公約数は　**21**

(2)　$319=99\times3+22$

$99=22\times4+11$

$22=11\times2$

よって，最大公約数は　**11**

(3)　$325=143\times2+39$

$143=39\times3+26$

$39=26\times1+13$

$26=13\times2$

よって，最大公約数は　**13**

(4)　$615=285\times2+45$

$285=45\times6+15$

$45=15\times3$

よって，最大公約数は　**15**

41　不定方程式 (1) (p.101)

例 96

ア　5

117

(1)　不定方程式 $3x-4y=0$ を変形すると

$3x=4y$ ……①

$4y$ は4の倍数であるから，①より $3x$ も4の倍数である。3と4は互いに素であるから，x は4の倍数であり，整数 k を用いて $x=4k$ と表される。

ここで，$x=4k$ を①に代入すると

$3\times4k=4y$ より $y=3k$

よって，すべての整数解は

$\boldsymbol{x=4k,\ y=3k}$　(**k は整数**)

(2)　不定方程式 $9x-5y=0$ を変形すると

$9x=5y$ ……①

$5y$ は5の倍数であるから，①より $9x$ も5の倍数である。9と5は互いに素であるから，x は5の倍数であり，整数 k を用いて $x=5k$ と表される。

ここで，$x=5k$ を①に代入すると

$9\times5k=5y$ より $y=9k$

よって，すべての整数解は

$\boldsymbol{x=5k,\ y=9k}$　(**k は整数**)

(3)　不定方程式 $2x+5y=0$ を変形すると

$2x=-5y$ ……①

$-5y$ は5の倍数であるから，①より $2x$ も5の倍数である。2と5は互いに素であるから，x は5の倍数であり，整数 k を用いて $x=5k$ と表される。

ここで，$x=5k$ を①に代入すると

$2\times5k=-5y$ より $y=-2k$

よって，すべての整数解は

$\boldsymbol{x=5k,\ y=-2k}$　(**k は整数**)

(4)　不定方程式 $11x+6y=0$ を変形すると

$11x=-6y$ ……①

$6y$ は6の倍数であるから，①より $11x$ も6の倍数である。11と6は互いに素であるから，x は6の倍数であり，整数 k を用いて $x=6k$ と表される。

ここで，$x=6k$ を①に代入すると

$11\times6k=-6y$ より $y=-11k$

よって，すべての整数解は

$\boldsymbol{x=6k,\ y=-11k}$　(**k は整数**)

42　不定方程式 (2) (p.102)

例 97

ア　4

例 98

ア　$2k+1$　　**イ**　$5k+2$

118

(1)　$\boldsymbol{x=-2,\ y=3}$

(2)　$\boldsymbol{x=2,\ y=2}$

(3)　$\boldsymbol{x=4,\ y=-1}$

(4)　$\boldsymbol{x=2,\ y=3}$

119

(1)　$17x-3y=2$　　……①

の整数解を1つ求めると　$x=1,\ y=5$

これを①の左辺に代入すると

$17\times1-3\times5=2$　　……②

①−② より

$17(x-1)-3(y-5)=0$

$17(x-1)=3(y-5)$　　……③

17と3は互いに素であるから，$x-1$ は3の倍数であり，整数 k を用いて $x-1=3k$ と表される。

ここで，$x-1=3k$ を③に代入すると

$17\times3k=3(y-5)$ より　$y-5=17k$

よって，①のすべての整数解は

$\boldsymbol{x=3k+1,\ y=17k+5}$　(**k は整数**)

(2)　$11x+7y=1$　　……①

の整数解を1つ求めると　$x=2,\ y=-3$

これを①の左辺に代入すると

$11\times2+7\times(-3)=1$　　……②

①−② より

$11(x-2)+7(y+3)=0$

$11(x-2)=-7(y+3)$ ……③

11 と 7 は互いに素であるから，$x-2$ は 7 の倍数であり，整数 k を用いて $x-2=7k$ と表される。

ここで，$x-2=7k$ を③に代入すると

$11\times 7k=-7(y+3)$ より $y+3=-11k$

よって，①のすべての整数解は

$x=7k+2$，$y=-11k-3$ （k は整数）

43 不定方程式 (3) (p.104)

例 99

ア 5　　**イ** -7

120

51 と 19 は互いに素である。

51 と 19 に互除法を適用して，余りに着目すると

$51=19\times 2+13$ より $13=51-19\times 2$ ……①

$19=13\times 1+6$ より $6=19-13\times 1$ ……②

$13=6\times 2+1$ より $1=13-6\times 2$ ……③

ここで，③より $13-6\times 2=1$ ……④

④の 6 を，②で置きかえると $13-(19-13\times 1)\times 2=1$

ゆえに $13\times 3-19\times 2=1$ ……⑤

⑤の 13 を，①で置きかえると $(51-19\times 2)\times 3-19\times 2=1$

ゆえに $51\times 3-19\times 8=1$

よって，不定方程式 $51x+19y=1$ の整数解の 1 つは

$x=3$，$y=-8$

44 不定方程式 (4) (p.105)

例 100

ア 20　　**イ** 28

121

$51x+19y=3$ ……①

$51x+19y=1$ の整数解の 1 つは $x=3$，$y=-8$ であるから

$51\times 3+19\times(-8)=1$

両辺を 3 倍して $51\times 9+19\times(-24)=3$ ……②

①−② より $51(x-9)+19(y+24)=0$

すなわち $51(x-9)=-19(y+24)$ ……③

51 と 19 は互いに素であるから，$x-9$ は 19 の倍数であり，整数 k を用いて $x-9=19k$ と表される。

ここで，$x-9=19k$ を③に代入すると，

$51\times 19k=-19(y+24)$ より $y+24=-51k$

よって，すべての整数解は

$x=19k+9$，$y=-51k-24$ （k は整数）

確認問題 9 (p.106)

1

(1) $133=91\times 1+42$

$91=42\times 2+7$

$42=7\times 6$

よって，最大公約数は **7**

(2) $312=182\times 1+130$

$182=130\times 1+52$

$130=52\times 2+26$

$52=26\times 2$

よって，最大公約数は **26**

(3) $816=374\times 2+68$

$374=68\times 5+34$

$68=34\times 2$

よって，最大公約数は **34**

2

(1) 不定方程式 $8x-15y=0$ を変形すると

$8x=15y$ ……①

$15y$ は 15 の倍数であるから，①より $8x$ も 15 の倍数である。8 と 15 は互いに素であるから，x は 15 の倍数であり，整数 k を用いて $x=15k$ と表される。

ここで，$x=15k$ を①に代入すると

$8\times 15k=15y$ より $y=8k$

よって，すべての整数解は

$x=15k$，$y=8k$ （k は整数）

(2) $12x+7y=0$ を変形すると

$12x=-7y$ ……①

$-7y$ は 7 の倍数であるから，①より $12x$ も 7 の倍数である。12 と 7 は互いに素であるから，x は 7 の倍数であり，整数 k を用いて $x=7k$ と表される。

ここで，$x=7k$ を①に代入すると

$12\times 7k=-7y$ より $y=-12k$

よって，すべての整数解は

$x=7k$，$y=-12k$ （k は整数）

3

(1) $3x+7y=1$ ……①

の整数解を 1 つ求めると $x=-2$，$y=1$

これを①の左辺に代入すると

$3\times(-2)+7\times 1=1$ ……②

①−② より

$3(x+2)+7(y-1)=0$

$3(x+2)=-7(y-1)$ ……③

3 と 7 は互いに素であるから，$x+2$ は 7 の倍数であり，整数 k を用いて，$x+2=7k$ と表される。

ここで，$x+2=7k$ を③に代入すると

$3\times 7k=-7(y-1)$ より $y-1=-3k$

よって，①のすべての整数解は

$x=7k-2$，$y=-3k+1$ （k は整数）

(2) $7x-9y=3$ ……①

の整数解を 1 つ求めると $x=3$，$y=2$

これを①の左辺に代入すると

$7\times 3-9\times 2=3$ ……②

①−② より

$7(x-3)-9(y-2)=0$

$7(x-3)=9(y-2)$ ……③

7 と 9 は互いに素であるから，$x-3$ は 9 の倍数であり，

整数kを用いて，$x-3=9k$ と表される。

ここで，$x-3=9k$ を③に代入すると

$7\times9k=9(y-2)$ より $y-2=7k$

よって，①のすべての整数解は

$x=9k+3$，$y=7k+2$ （kは整数）

4

(1) 53 と 37 は互いに素である。

53 と 37 に互除法を適用して，余りに着目すると

$53=37\times1+16$ より $16=53-37\times1$ ……①

$37=16\times2+5$ より $5=37-16\times2$ ……②

$16=5\times3+1$ より $1=16-5\times3$ ……③

③より $16-5\times3=1$ ……④

④の 5 を，②で置きかえると $16-(37-16\times2)\times3=1$

ゆえに $16\times7-37\times3=1$ ……⑤

⑤の 16 を，①で置きかえると $(53-37\times1)\times7-37\times3=1$

ゆえに $53\times7-37\times10=1$

よって，$53x-37y=1$ の整数解の 1 つは

$x=7$，$y=10$

(2) $53x-37y=1$ ……①

$53x-37y=1$ の整数解の 1 つは $x=7$，$y=10$ であるから

$53\times7-37\times10=1$ ……②

①−② より $53(x-7)-37(y-10)=0$

すなわち $53(x-7)=37(y-10)$ ……③

53 と 37 は互いに素であるから，$x-7$ は 37 の倍数であり，整数kを用いて $x-7=37k$ と表される。

ここで，$x-7=37k$ を③に代入すると，

$53\times37k=37(y-10)$ より $y-10=53k$

よって，①のすべての整数解は

$x=37k+7$，$y=53k+10$ （kは整数）

(3) $53x-37y=2$ ……①

$53x-37y=1$ の整数解の 1 つは $x=7$，$y=10$ であるから

$53\times7-37\times10=1$

両辺を 2 倍して $53\times14-37\times20=2$ ……②

①−② より $53(x-14)-37(y-20)=0$

すなわち $53(x-14)=37(y-20)$ ……③

53 と 37 は互いに素であるから，$x-14$ は 37 の倍数であり，整数kを用いて $x-14=37k$ と表される。

ここで，$x-14=37k$ を③に代入すると

$53\times37k=37(y-20)$ より $y-20=53k$

よって，すべての整数解は

$x=37k+14$，$y=53k+20$ （kは整数）

45 相似を利用した測量，三平方の定理の利用 (p.108)

例 101

ア 3　　イ $\frac{16}{3}$

例 102

ア 4.8

例 103

ア $\sqrt{5}$

122

(1) △ABC∽△DEF より $6:4=x:2$

ゆえに $4x=12$ よって **$x=3$**

また $6:4=5:y$

ゆえに $6y=20$ よって **$y=\frac{10}{3}$**

(2) △ABC∽△DEF より $4:7=x:5$

ゆえに $7x=20$ よって **$x=\frac{20}{7}$**

また $4:7=3:y$

ゆえに $4y=21$ よって **$y=\frac{21}{4}$**

123

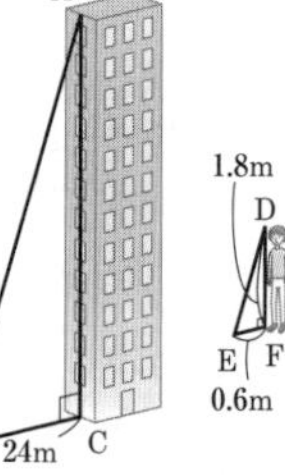

右の図において，△ABC∽△DEF である。

ゆえに BC：EF＝AC：DF

すなわち 24：0.6＝AC：1.8

よって 0.6AC＝43.2

したがって AC＝**72 (m)**

124

(1) 三平方の定理より $x^2+2^2=4^2$

$x>0$ であるから

$x=\sqrt{4^2-2^2}=\sqrt{12}=\mathbf{2\sqrt{3}}$

(2) 三平方の定理より $x^2+x^2=5^2$

$x>0$ であるから

$x=\sqrt{\frac{25}{2}}=\frac{5}{\sqrt{2}}=\mathbf{\frac{5\sqrt{2}}{2}}$

46 座標の考え方 (p.110)

例 104

数直線：C（−2.5），B（−1.5），O（0），A（3）
−4 −3 −2 −1 0 1 2 3 4 x

例 105

ア 2　　イ −3　　ウ −2

エ 3　　オ −2　　カ −3

例 106

ア 3　　イ 2　　ウ −4

エ −3　　オ 2　　カ 4

125

数直線：B（−2），D（−0.5），O（0），C（4.5），A（7）
−3 −2 −1 0 1 2 3 4 5 6 7 8 x

126

B(3, 2)，C(−3, −2)，D(−3, 2)

127

P(3, 2, 4)，Q(3, 2, 0)，R(0, 2, 4)，

S(3, 0, 4)，T(−3, 2, 4)